Mesdames Nos Aïeules: dix siècles d'élégances

淑女开创者：优雅千年的法国服饰史

［法］阿尔伯特·罗比达 著

张 伟 译

四川人民出版社

尔文

趣物博思　科学智识

La Guerre au Vingtième Siècle

A. Robida

阿尔伯特·罗比达
（Albert Robida，1848—1926）
法国小说家、画家、记者

宫崎骏的灵感谬斯
法国著名科幻作家

阿尔伯特·罗比达

写给淑女们的时尚宝典

法国流行文化的灵感缪斯——断头王后

断头王后——玛丽-安托瓦内特（Marie-Antoinette）是法国国王路易十六的王后，在法国大革命爆发后不久被送上断头台。

CONTENTS

目 录

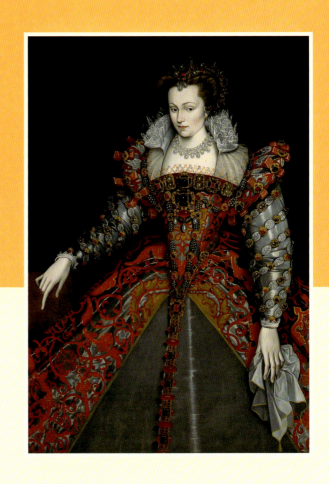

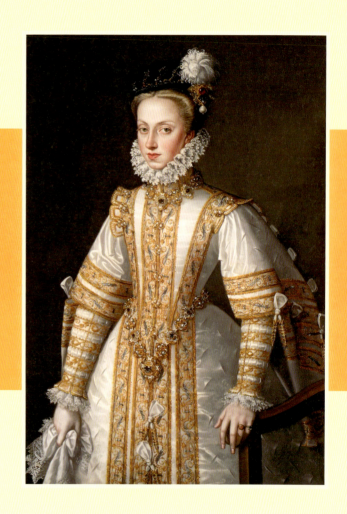

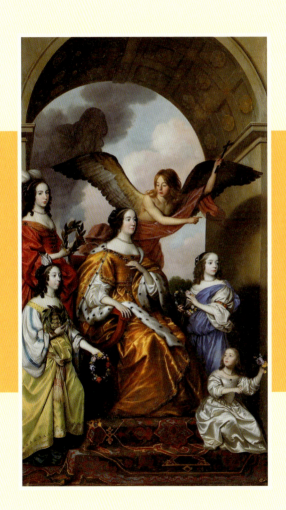

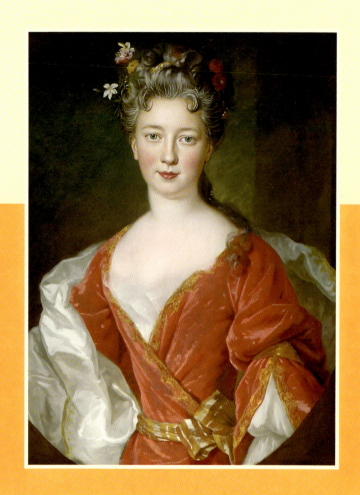

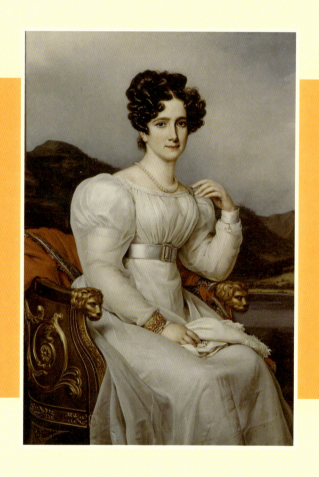

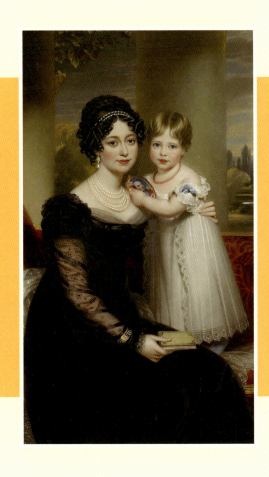

I

叙事诗：

旧日时尚

从第一件贝尔丢嘎丹发明之始，
即夏娃女士用裙撑制作的长裙
到如今令我们一眼沉沦的美裙，
其间历经几多风格与款式，
都如梦如幻、昙花一现！
惊鸿之物，光彩耀眼，
物换星移，瞬息之间。

那旧日时尚啊，都去了哪里？
你在哪里，
每寸针脚都饰有华丽纹章的布里奥？
你又在哪里，
伊萨博的佩利斯？

贝尔丢嘎丹

源自西班牙语"verdugado"，意为"绿色木头"，原指一种由芦苇和柳条组成的铃铛环缀并形成蓬松效果的裙撑。作为所有轮胎裙的开创者，贝尔丢嘎丹起源于十六世纪的西班牙——欧洲时尚中心之一。

《希律王的宴会》

莎乐美将施洗约翰的头颅献给父亲大希律王，作品由佩德罗·加西亚·德·贝纳巴雷绘于1480年。作品中几位女性身着的裙子正是贝尔丢嘎丹。

佩利斯

佩利斯（peliço）是北欧中世纪时一种颇为流行的室内女士礼服，可在冬季御寒的内衬皮毛的长袖连衣裙，后来在法语中缩写为"pelisse"。"佩利斯"，在诺曼法语中指代毛皮。

布里奥

布里奥（Bliaut）是一种流行于欧洲十二世纪中期的束腰长袍，以其过度下垂的袖子和紧身的腰部而闻名；袖子为七分袖或八分袖，袖口为喇叭状，袖口、领口和下摆处会有滚边或刺绣装饰且能露出内穿的内衣。

盛装的巴伐利亚的伊萨博

巴伐利亚的伊萨博（Isabeau de Bavière）是法国国王查理六世的王后、查理七世的母亲。

曾引发无数争议的埃斯卡菲翁，

还有令布里丹为之倾倒的高尖顶汉宁，

你们都在哪里？

唉，尽是些过时的老古董罢了……

十四世纪晚期头戴埃斯卡菲翁的法国贵妇

埃斯卡菲翁

埃斯卡菲翁（Escoffion）是流行于十四世纪末的欧洲女性帽子，

为汉宁帽的变体，较汉宁帽更为复杂夸张，多是U型或心形。

头戴埃斯卡菲翁的勃艮第公爵夫人

十五世纪中期，荷兰一家商店
里头戴埃斯卡菲翁的女士

汉 宁

汉宁（Hennin）是一种圆锥形高帽，是哥特式尖塔在服饰上的反映。该种帽子先用浆糊把布粘成圆锥状高筒，再在高筒上裱一层华美的面料。帽子高度根据身份高低决定，最高甚至可超过1米。

《英格兰古代编年史》中头戴汉宁的异兽

欧洲历史上的各种汉宁造型

布里丹

让·布里丹（Jean Buridan，1292—1363），法国哲学家、欧洲宗教怀疑主义倡导者，著名心理学寓言故事"布里丹之驴"就是以其命名。

布里丹之驴

法国哲学家让·布里丹用一头驴子举例说明过度反思则会优柔寡断，造成的后果甚至抹杀了原本的优点。

那旧日时尚啊，都去了哪里？
玛戈王后的绉领在哪里，
白鼬皮双层大衣在哪里，
羊腿袖又在哪里？

约 1572 年身着绉领的玛戈王后

玛格丽特·德·瓦卢瓦（Marguerite de Valois）又被称为玛戈王后，是法国国王亨利四世的王后。

绉 领

绉领（fraise）在英文中又叫拉夫领（ruff），据传是法国首创的一种衬衣衣领。这种衣领用细麻或细棉布上浆裁制而成，呈环状套在脖子上，可拆卸，在1560—1640年间成为贵族阶层的流行服饰。

白鼬皮双层大衣

中世纪欧洲贵族多用白鼬毛皮制作礼服，一般这种礼服的内层、外层领子和包边会由数量惊人的白鼬皮缝制，如法王查理十世的加冕礼服，长约6米，全部用白鼬皮制作。

法国波旁王朝国王路易十五

身穿全套皇家服装的路易十五肖像，画中的路易十五身披里镶貂皮、外绣金色鸢尾花纹样的蓝色锦缎长袍，设计制作理念与白鼬皮双层大衣极为相似。

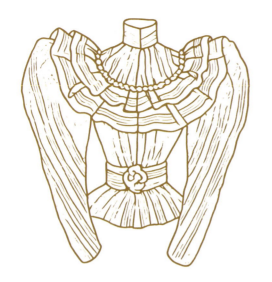

羊腿袖

起源于十九世纪初浪漫主义时期，这种高贵典雅的袖子犹如羊腿，故名羊腿袖（manche gigot），其上端蓬松宽大，近手腕处则收紧，极具欧洲古典美。

女英雄们的骑装，

蓬帕杜夫人的宽大蓬蓬裙，

还有那带内衬的克里诺林裙……

那旧日时尚啊，都去了哪里？

蓬帕杜夫人

蓬巴帕夫人（Madame de Pompadour）是法国国王路易十五的官方情妇，她一手推动了洛可可艺术风格的兴起。

蓬帕杜夫人的蓬蓬裙

洛可可时期流行的蓬蓬裙，因蓬帕杜夫人酷爱之而得名，其特点是裙摆夸张且呈前后扁平、左右横宽之效果。

克里诺林裙

"克里诺林"（crinoline）一词源于法语"马尾毛"（crin）和"麻"（lin）的组合，原是一种用马尾、棉布或亚麻布浆硬后做的硬质裙撑；1830年首次出现不用马尾，而用鲸须、细铁丝或藤条做轮骨的新型克里诺林裙撑。这种新型裙撑在1860年传入法国，被当时的上流社会女性所喜爱，故而迅速成为欧洲社会的流行女装。

从夏娃时代开始，

女人们呐，挨不了一个星期

便会心血来潮地换掉三十样东西！

那旧日时尚啊，都去了哪里？

不断变化的克里诺林裙裙撑

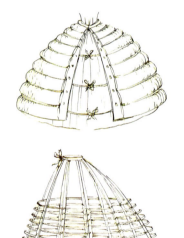

---

① 原文为"Large panier pompadourant"，意为该裙与蓬帕杜夫人的密切关系。身为"洛可可之母"的蓬帕杜夫人，尤钟爱这
款代表洛可可风格的蓬蓬裙。

1859 年的克里诺林裙

II

旧日时光盒

---

① 石衣：字面意思为石块做的衣服，在这里指人们居住的房屋，作者在后文中
　阐述的观点是：建筑和服装如同姐妹，房屋是人们的第二套衣服。

古老的新玩意儿

有一句话是这样说的：

> 在这个世界上，旧的
> 不去新的不来。

说这话的并不是什么伟大的哲学家，而是法兰西共和国首席执政官拿破仑·波拿巴之妻约瑟芬·德·博哈奈的女裁缝。此话可以说与拿破仑的想法不谋而合，因为正是他恢复了罗马帝制。

约瑟芬皇后

约瑟芬·德·博哈奈（Joséphine de Beauharnais），拿破仑·波拿巴的第一任妻子、法兰西第一帝国的皇后。她也是帝政时代时尚风格的缔造者。

约瑟芬的女裁缝深刻把握这一原则并将其作为指导思想，在久远的旧时光中躬身追溯，从两千年前的希腊罗马女性身上寻获优雅的新灵感，这一切吸引了巴黎沙龙里和香榭丽舍大街上众人的目光，讨得男男女女的欢心，就像军帽上的绒球、骑兵刀和军旗一样被看客们狂热追捧，最终风靡于世。

约瑟芬皇后的女裁缝

路易·伊波利特·勒罗伊（Louis Hippolyte Leroy）是一位时尚商人，也是法兰西第一帝国的皇后——约瑟芬皇后的御用裁缝，勒罗伊为这位时尚的皇后设计了加冕礼服。

约瑟芬皇后——法兰西第一帝国的时尚缪斯

约瑟芬皇后与新古典主义

约瑟芬皇后崇尚古典文化，在她的引领下，法国宫廷女装抛弃了装饰繁多的洛可可风格，取而代之的是解下了紧身胸衣、裙撑和臀垫，腰线提升至胸部的衬裙式连衣裙。这种轻薄飘逸的裙子和搭在手臂上的裙摆形成的垂褶，正是古希腊服装特点的体现。

新古典主义画作中的服饰

约翰·威廉·戈德沃德（John William Godward，1861—1922），生于维多利亚时代，被誉为英国最后一位新古典主义画家，一生钟爱新古典主义仕女画，因毕加索的崛起而黯然谢幕，临终遗言颇有"既生亮，何生瑜"之怨愤。

"您要问旧日时尚从哪儿找？"面对弗朗索瓦·维庸这首关于时尚的诗，一位爱唱反调的哲学家——他可能是一位被女裁缝的一张张账单惹得有点儿暴躁的丈夫——说道：

弗朗索瓦·维庸

弗朗索瓦·维庸（François Villon，1431？—1474？），法国中世纪最杰出的抒情诗人，市民抒情诗的主要代表，代表作有《小遗言集》《大遗言集》和《古美人歌》。

您问这个！亲爱的先生，那些时尚就在当今女人的肩膀上呢！它们还会在下一代、下下一代女人的肩膀上！您没发现吗？什么都没变，所有的新东西都是在很久很久以前就被发明出来啦！大概最早是在女人开始穿衣服那会儿，从那个时候的四季里去找哟，从亚当和夏娃被赶出伊甸园后的那十二个月里去找，所有的时尚都能找到。这不，昨天我太太还说呢，有三四套新衣服款式打动她啦，然后她就要订购了。有什么意义呢？我跟她说，所有的衣服都是过去穿了现在穿，以后还会穿！何必变来变去，也犯不着把过时的首饰或衣服扔到一边，反正以后肯定是要重新戴起来、穿起来的呀……

是，但可能在三百年之后了……您挑一个有太阳的好天儿，去香榭丽舍大街转转，然后回来告诉我，当您看见几件装点着文艺复兴时期流行的泡泡袖、绉领和花布的时兴衣服的时候，是不是就恍惚回到了瓦卢瓦王朝的宫廷一般？

还有，那些法兰西第一帝国时期流行的帝政风格的裙子款式，那上面的泡泡袖、裙子褶、希腊风格的藤蔓花纹和棕榈叶纹，还有那些别的装饰，您看着它们，难道没有回到了1810年的隆尚修道院的错觉么？

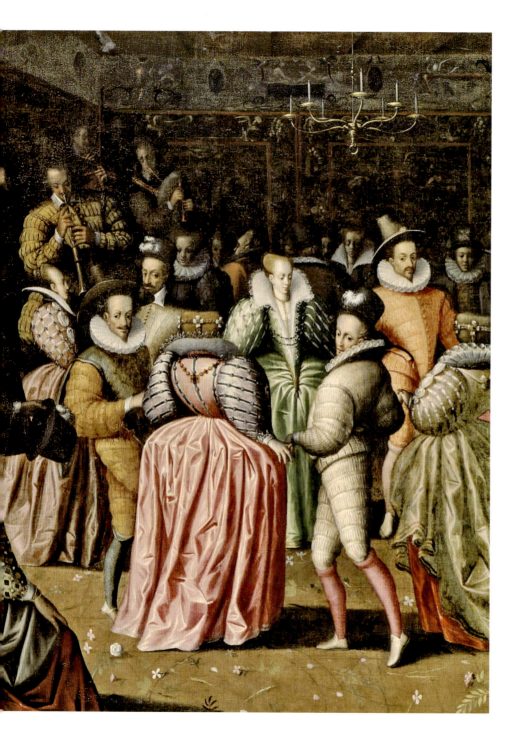

瓦卢瓦王朝末期的宫廷舞会

瓦卢瓦王朝是继卡佩王朝之后，于1328—1589年统治法国的封建王朝。瓦卢瓦王朝又被称为法国民族国家的奠基时期，其诞生主要是因为卡佩王朝绝嗣，瓦卢瓦王朝正是在卡佩王朝旁支亲属中选出的新国王而开启的新王朝。

帝政风格的裙子

法兰西第一帝国时期（1804—1814），新古典主义蓬勃发展，该时期女装从古典时代汲取灵感，舒适轻薄的白色麻纱棉布取代以往的昂贵面料，轻盈宽松的高腰设计彰显优雅飘逸的女性气质。1814年4月，反法联军进攻巴黎，拿破仑帝政结束，但帝政时期形成的服装样式往后延续了一段时间，因此，服装史上的帝政风格时期一般指1804—1825年。

还有，还有，那些中世纪、路易十五时期、路易十六时期等时代的女人们，别管是过去哪个时代的女人，您能想多远是多远，哪怕是蒙昧时代的女人呢，就算她们穿越时空出现在我们现代人群里，只要对她们的旧衣服做几处小小的改动，她们就绝对成时髦女郎了……

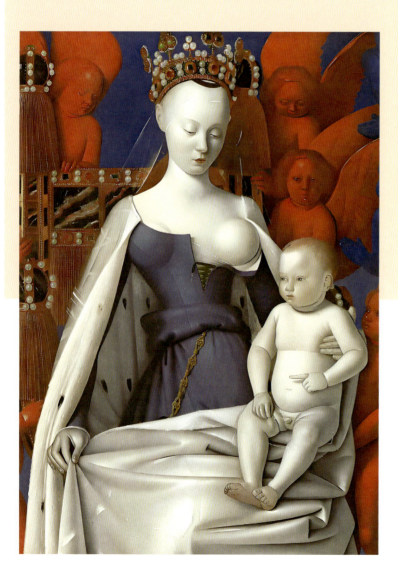

对了，您瞧着吧，如果阿涅丝·索蕾尔或者玛格丽特肯屈尊穿她们那个时代的服装活过来的话，我只需要给她们换顶帽子，人们就会站到她们跟前赞叹："多光鲜的漂亮衣服呀！这服装保准能获大奖！"

别说了！亲爱的先生，您不觉得自己说得有点儿夸张了吗？

以阿涅丝·索蕾尔为原型的圣母像

阿涅丝·索蕾尔（Agnès Sorel，1421—1450），号称法国历史上最美的女人，法国国王查理七世的情妇，也是第一位得到官方认可的王室情妇，后世认为她对查理七世影响极大。

时尚钟

　　一点儿都不夸张！我跟您说，假如墨洛温王朝，甚至石器时代的夫人们来到现代，只要把她们的衣衫稍作修整，如今的女人们看到了也不会大惊小怪，只会把她们当成不落俗套的上流名媛——先生，如今的时尚，无非是对过去流行的掺点儿当下的口味。时尚的指针就跟钟表指针似的，总在那一个圈里转，只是比钟表指针转得更随意，有时候向前转，有时候向后转，有时候跳一跳、摆一摆，还时不时地来回大弹跳一下子……时尚的钟表几点了？可能是早晨六点，也可能是晚上八点，还可能是所有的钟点混在一块儿了，就跟现在似的……

　　但是不管怎么说，所有的钟点都是一个个令人着迷的时刻……

墨洛温王朝末期的宫廷时尚

什么是最美的时尚

最美的时尚——毋庸置疑，且人人都会同意——永远是当下的时尚。原因很简单：那些旧日的时尚仅仅是一些褪色的记忆而已，人们一旦不再将它们穿在身上，立刻就会挑出它们的毛病和滑稽之处；它们风靡之时，我们看待它们会更宽宏大量，而当它们被当下的时尚所取代时，我们会毫不迟疑地态度骤变，对其又冷酷又严厉……

先生，真正吸引人并让人沉醉的，是那些我们从女性身上觉察到的品质，是女性优雅的风度，是女性自身！——不，从未有哪个时代的着装能与当下相比！在任何一个时代，面对任何一种时尚，女人们都会望着镜中的自己，真心实意地这样说。而男人们，尽管有时候判断起来有些困难，其实他们也是这么想的。石器时代，以兽皮为衣的女祖先们，想必也认为自己的服装特别合乎时宜，而对于祖母的裙子，她们则会觉得不修边幅、未加雕琢并对此赧然一笑。还有穴居时代的女性们，品味也都一样罢了。当下盛行的时尚就是最美的时尚。但无论哪个时代都有声音反对这条定论，总会有一些上了岁数的老绅士支持另一种说法，对我们的定论齐声反对：

当下的时尚简直滑稽可笑！人们再也不像我们那时候的穿着打扮了！那是，1830年，或者1730年、1630年、1530年……在30年代——那时候的时装是多么优雅、多么合体、多么讲究、多么出众、多么迷人啊！1830年、1730年、1630年、1530年，又是30年代！那是多么美好的时代啊！这帮耳顺之人还想糊弄我们！"美好的时代"，还不是因为这些老绅士们在那幸福的时代还年轻着呢。就连那时的太阳，都让他们感觉更温暖，不是吗？春天更绿，时装更美！但是没关系，不管那些老人怎么说，也无论以后的我们会怎么看，这条定律亘古不变——人们永远不会比当下穿得更美！

十五世纪勃艮第公爵和贵妇们

十五世纪贵族女性服饰

十五世纪的角状头饰

十六世纪贵族女性服饰

十六世纪后半叶，勒细腰身的紧身胸衣诞生，细腰成为女装设计的重要强调因素，与上半身的收紧相对的是下半身的夸大。裙撑的发明及流行，使此时的裙子呈现出前所未有的优美造型。

十六世纪上半叶的欧洲贵妇

既然任何事物都不会彻底消逝，既然在时尚的钟表盘上指针走过的时刻还会重现，那么想要预知未来的时尚，或许只需研究过去的时尚就好。

那就让我们到逝去的旧时光中徜徉、发掘吧。这是一段伴着丝丝忧郁之情追念昔日优雅与美好的旅程。那里有被遗弃了几个世纪的发明和一茬又一茬被新鲜事物掩埋的古老优雅，还有尚未被我们的老祖母们遗忘的当代时尚。她们深深地陷进躺椅里，闭着眼睛陷入沉思，忘记了周围的一切，只看到褐色或金黄色头发的自己，娇俏又轻盈，穿的、戴的无不是她们那个美好时代最流行的，亲爱的老祖母们啊！

然而，那段似乎很遥远的过去真的有那么遥远吗？我们祖母的祖母那一辈就生在路易十五时期，那可是个涂脂抹粉、盛装打扮的时代呀！

如果我们再大胆上溯七八代老祖母，她们将带我们回到阿涅丝·索蕾尔或戴着汉宁帽的中世纪女人们的时代。您看，那都是过去的事儿了！

建筑与时尚、石衣与布衣

首先有一点需要明确，那就是服饰艺术与建筑艺术两者关系匪浅。

时装与建筑是姐妹，而时装甚至有可能是姐姐。房屋也是一件衣服，一件穿在帆布、羊毛、天鹅绒的或丝绸的服装之上且用石料或木材制作的衣服，让我们得到更好的保护，无惧一年四季的坏天气；除去需要根据房屋的风格来确定与之相符的穿着这种情况之外，其他情况都是穿着风格影响着房屋建筑的风格。总之，无须追溯至洪荒时期，中世纪那些装饰着人像或纹章的裙子、有开叉和锯齿边的服装，不正呼应着哥特式以及特点最鲜明的火焰式建筑吗？而更早些时候的较为简朴粗犷的服装，又与冷峻刻板的罗马风格相映成趣。

装饰着家族纹章的士兵服饰

家族纹章最早出现于十三世纪，其作用为在战场上区分敌我。

装饰着家族纹章的女士裙子

十三世纪末，家族纹章最先出现在法国女装上，到十四世纪用家族纹章装饰服饰更为普遍。当时通常的做法是已婚女性将娘家与夫家的纹章分别装饰在衣服的左右两侧，以左为尊。

贤母布兰奇

卡斯蒂亚的布兰奇（Blanche de Castille）是法国国王路易八世的妻子，画中的她正身着绣有纹章的长袍进行祷告。出自十五世纪末法国手稿。

哥特式建筑代表——夏塔尔主教座堂

哥特式建筑发源于十二世纪的法国，持续至十六世纪，整体风格为高耸瘦削且带尖，最具代表性的就是高耸入云的尖顶及窗户上色彩斑斓的大幅玻璃画。火焰式是哥特式晚期发展出来的一种华丽风格，1350年前后开始在法国兴起，十六世纪初被文艺复兴建筑取代，以火焰式曲线花饰窗格为主要特征。

中世纪的人们会切开石块，将其打磨雕刻后使之发出奇异的光彩；也会裁剪、折叠比石块柔软的布料，让其同样耀眼灼人。他们梳起高高的夸张发型，就好像古堡上那冲向天空的尖角楼顶。那个时候，所有的东西都是五颜六色的，因为人们喜爱明快的色彩，几乎所有橙色系、红色系和绿色系都被派上用场了。

年代再晚一些，服装和建筑变得更阔气了。这就是文艺复兴时期的风格：重回阔大、柔和。人们在旧事物中探寻新元素，这一时期的着装和建筑都受到意大利风格的影响，但除了军队和王公侍卫的护甲以及富有庄园主的盔甲——这些人可不追求什么复古风尚，更不会穿有月桂叶装饰纹样或罗马式的服装。

哥特式时期的服饰风格

哥特式女装

哥特式女装特点是上半身紧身合体、下半身裙子宽大且有拖裾，其帽饰造型类似教堂尖顶。

来到十六世纪末，服装风格又演变得朴素沉郁，甚至可以用阴郁来形容。同样的，在那个多灾多难的黯淡年代，建筑也多呈现出同样的风格。

国王那装潢奢华却无聊沉闷的凡尔赛宫，贵族那傲气十足的庄严府邸，正和路易十四头上的巨型假发、上了浆的紧身衣以及曼特农夫人硬挺挺的修女帽相映成趣。这就是令人厌倦的十七世纪。

文艺复兴时期的女装

曼特农夫人

曼特农夫人

曼特农夫人，她的原名为弗朗索瓦丝·多比涅
（Françoise d'Aubigné, Madame de Maintenon;
1635—1719），出身低微但气质优雅、谈吐不
凡，后成为法国国王路易十四的第二任妻子。曼
特农夫人以其博览群书、谈吐优雅深得路易十四
的喜爱，但由于她出身不够高贵，路易十四决定
与之秘密结婚，曼特农夫人成为无冕王后并陪伴
国王走完了人生剩下的三十年。

太阳王

路易十四（1638—1715）是法国在位时间最长的国王，他在位期间强化了国王对军事、财政等的决策权，建立了一个君主专政的中央集权王国，还修建了气势恢宏的凡尔赛宫。据说路易十四因早年得病而脱发严重，故日常喜戴假发，从而引领了贵族戴假发的潮流。

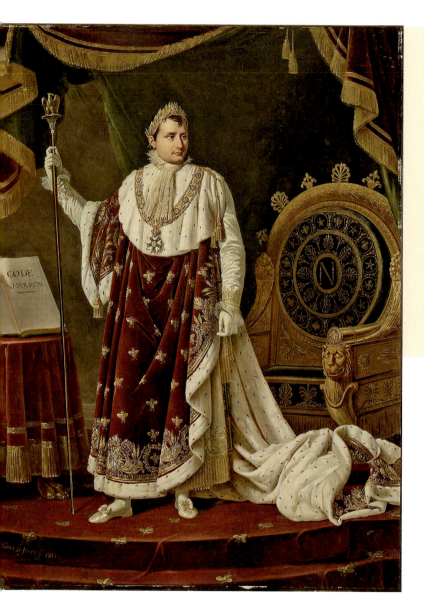

之后的十八世纪又是什么样子呢？这一时期的建筑和服饰同时抛弃了浮夸、奢华之风：繁复艳丽的洛可可风格[①]出现了。

再晚一些时候，到了大革命时期[②]和第一帝国时期，人们的着装、住所和家居风格又复归古希腊罗马风。再之后，即1840—1860年，时装和建筑就完全没有风格可言了，变得平淡乏味，这是一段过渡和等待的时期。

法兰西第一帝国皇帝

法兰西第一帝国（1804—1814），1804年5月18日拿破仑·波拿巴根据《共和十二年宪法》称帝，此后他通过战争征服了大部分欧洲大陆。1814年4月6日，拿破仑在枫丹白露宣布退位，并在1815年复辟。最终在经历了短暂的百日王朝后，法兰西第一帝国终结。

---

① 洛可可风格是一种起源于十八世纪法国的柔软精致的艺术风格，被广泛运用于服饰、室内设计等方面。
② 法国大革命时期始于1789年5月5日，至1799年11月9日结束。

最后，终于来到我们生活的时代①，这是一个探索的时代，一个具备实验和重建精神的考古大发掘的时代，一个渊博的学识重于想象力和创造力的时代。我们看到，时装和建筑总是并线而行，一同在旧日时光盒中（被）发掘：尝试过所有风格，钟情过所有时代，然后又迅速地将之一一抛弃……

　　那么，就让我们享受这个时代，同时又去旧日的时光盒中寻觅，寻觅昔日的美好事物和独特风格吧。

路易十五时期的女性服饰

路易十五登基以后，艺术时尚逐渐发展出一种纤细、精致的风格，这就是洛可可风格。这种风格崇尚柔和的浅色和粉色调，反映出当时社会享乐、奢华的风气。

---

① 本书出版于1891年，故这里"我们生活的时代"指十九世纪末，后文出现的"现代"与"当今"等词也指这一时期。

时装模特与中世纪时尚杂志

有些时代的确切资料较少，我们只能进行推测。没人能告诉我们：墨洛温王朝和加洛林王朝的服装与时尚究竟是什么样子，那时的人们过着怎样的生活。我们只能推测情景或许是这样的：套着绳索的四牛车，慢慢悠悠，步调从容，拉着慵懒的国王在巴黎城中闲逛。

谁能为我们描绘那朦胧时代的优雅？是的，尽管那些时代民风粗犷且野蛮，但优雅仍有迹可循——那时的编年史家、主教和修道士，曾多次在文章里强烈地反对女性过度追求奢华。

谁来为我们描绘查理曼大帝时期的女性，或者给我们讲述那十世纪的优雅？也许会有几件雕塑流传到我们这个时代，尽

推翻加洛林王朝的矮子丕平

加洛林王朝（751—911）：751年，墨洛温王朝的宫相矮子丕平在教宗和法兰克贵族支持下，推翻墨洛温家族统治，自立为王。800年，丕平三世的儿子查理曼由教宗加冕为帝，名义上复辟了罗马帝国，即后世所谓神圣罗马帝国。911年，加洛林王室的统治结束，卡佩王朝崛起。

管多多少少有所破损了，但仍是我
们唯一的资料。我们也只能满足于
此，并将它们与那些包含在不规范
的手抄本插图里的模糊信息进行比
对。相比较而言，中世纪的情况就要
好很多，那时绘制宗教书籍插图的画
师为我们留下了大量精妙绝伦的艺
术品。因此，对我们来说，第一份时
尚"杂志"或许就是大教堂的某扇
门，又或许是从坟墓中挖掘出的某座
雕像——它奇迹般地躲过了岁月的侵
蚀，逃过了胡格诺派[1]那些破坏圣像
的人，或者无套裤汉[2]的斧头。

查理曼大帝

卡斯帕·约翰·内波穆克·舍伦（Caspar Johann Nepomuk Scheuren，1810—1887）绘。

查理曼大帝（742—814），又称查理大帝、查理一世，是法兰克王国加洛林王朝的国王、伦巴第国王、神圣罗马帝国皇帝。他
是有史以来统治欧洲的最著名和最有权势的领导人之一，一些历史学家称之为"欧洲之父"。查理曼大帝在任期间，大力推动
军事、教育和文化改革，在其去世时，他治下的法兰克帝国疆域与拜占庭帝国一样辽阔，成为自古罗马以来欧洲最大的帝国。

---

① 胡格诺派，是十六世纪至十八世纪法国天主教徒对加尔文派教徒的称呼，含贬义。
② 无套裤汉，是十八世纪末法国大革命时期对民众流行的称呼。

再晚些时候，我们的参考资料就会多起来。那些小巧精致的艺术品、彩绘玻璃窗和地毯为我们提供了更完备、更确切的信息和更具体的形象。

此外，从十四世纪开始，真正的时尚杂志就存在了。它不是我们在一百年之前才开始使用的形式——报纸，但也算是一种时尚杂志，用一些穿着时装款式的人体模特将时尚资讯在各地之间传播，其中尤以巴黎为盛。

那时的巴黎是时尚界的主宰，这的确与今不同。如今，从大约五十年前开始吧，从地球的这头到那头，从寒冷的北美到温暖的澳大利亚，从罗阇①的宫殿到土耳其苏丹的府邸，处处都把在鼻子上打孔穿上鼻环奉为时尚。

中世纪时，那些居于欧洲一隅的贵妇们，命令她们的裁缝为小巧的人偶娃娃缝制当时最流行的款式并互相赠送。可惜，那些心灵手巧的裁缝未能留名于后世。

在布列塔尼原野中、莱茵河畔某块岩石上、古老城堡之中以及各种盛大的场合里，公爵夫人们或边伯②的妻子们轻松愉快地交流着来自时尚中心——巴黎宫廷或勃艮第宫廷的时髦见闻，竞相摆阔、炫耀，从她们现存的巨额生活开支账目中就能看出各种奢华细节。这种种奢华曾让那个时代的男士们为之目眩神迷，也被所有的编年史家记录了下来。

一些重要的城市也通过同样的方式接收时尚法则。因为我们看到，另一个奢侈艺术中心、东方大宗买卖和西方豪华的纽带城市——威尼斯，在数个世纪里，每年都会收到一个来自巴黎的人体模特。在威尼斯总督们的城市里，有一个从很久远的时代流传下来的风俗：耶稣升天节那天，在梅尔塞里亚的连拱廊下，在圣马可广场的尽头，人们用人偶展览当年的服装。这个穿着打扮都在时尚最前沿的巴黎人偶模特，能够让蜂拥而至来参观展览的威尼斯女贵族们长长见识。

---

① 罗阇，又译为拉惹，是南亚、东南亚及印度等地，对国王或土邦君主、酋长的称呼。

② 边伯，又称边境伯爵，是神圣罗马帝国的爵位之一，其历史可追溯至查理曼时期。

十七世纪末巴黎贵妇肖像画

尼古拉斯·德·拉吉利耶尔（1656—1746）绘。

III

黑暗时代：

中世纪

高卢女人

染发文身的高卢女人

　　在巴黎这个引领全世界风尚的标杆城市里，时髦的女性们需要鼓起勇气才能承认的一件事：她们的祖先在大约两千年以前，从塞纳河两岸广袤幽暗的森林到瓦兹河两岸，再到阿登山脉和辽阔的、错综复杂的布洛涅林木地区里散步时，那身用力过猛的打扮与当今新西兰女人的优雅时尚竟不谋而合。

　　这些美丽又野性的高卢女人袒肩露臂，身体上涂抹着色彩鲜艳的颜料，很可能还有文身。然而不管怎样，她们染头发这件事是可以肯定的。

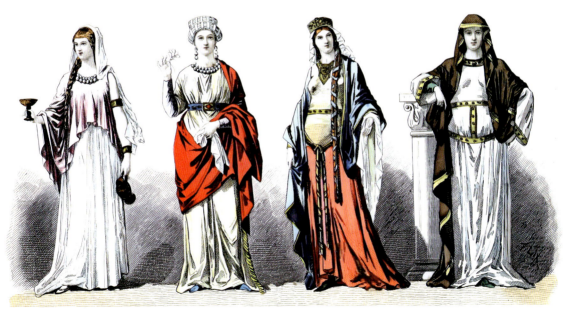

罗马帝国时期高卢女性服饰

第一件紧身胸衣和第一条假发辫

很多流传至今的首饰，诸如扣衣角用的扣针、项圈、项链、手镯、青铜或金银材质的别针，都是半野蛮状态的女原始人对奢华具有独到见解的佐证。她们的所有首饰，其风格都与布列塔尼地区流传至今的饰品极为相似。

很快，未开化的古老高卢演变成罗马高卢[①]，于是高卢女人身上也出现了模仿罗马女人的迹象，后者的文化及品味都更为高雅。自此，女用紧身衣和用布料做的紧身背心开始贴合体型的轮廓，不再是违背身体线条的残酷工具。但高卢女性对鲜艳颜料的原始品味并没有完全丢失，颜料变成简单的脂粉。人们还发明出用来维持面部皮肤细嫩的精油和提升美感的假发辫。从日耳曼尼亚[②]的女农民到阿米尼乌斯[③]所在时代的女人们手中买到的金灿灿的假发辫可以看出，金色在很久之前就是时尚的颜色了。

法兰克人入侵后，时尚风格向未开化、简朴回归，法兰克女性多粗犷健壮，穿一件大红色的简单衬衣对她们来说就算奢华。

我们或许能从一些僵硬呆板的雕像上找到一点线索，看出罗马风格、高卢风格、法兰克风格和墨洛温王朝风格如何混合又如何逐渐发生演变。

[①] 高卢是古代欧洲的一个地区，由三部分组成：高卢凯尔特卡、比利时和阿基坦。凯尔特卡在公元前204年被罗马人侵略并征服。公元前58—前51年，高卢的大部分地区都归于罗马管辖之下，罗马人对高卢的统治，持续到公元486年罗马苏瓦松领地被法兰克人攻陷为止。

[②] 日耳曼尼亚，古代欧洲地名，位于莱茵河以东、多瑙河以北，及被古罗马控制的莱茵河以西地区。地名出自高卢语。

[③] 阿米尼乌斯（约前18—21），古罗马时期著名的日耳曼政治家、军事家和民族英雄。

第一条限制奢侈的法令

在长着茂密红胡子的查理曼大帝的豪华宫廷里，公爵和伯爵夫人们对首饰、奢侈布料和珠宝的追求毫无节制；但查理曼大帝本人却与此相反，他与腓特烈二世和拿破仑这些皇帝一样，穿着异常简朴。想必是宫中女眷的奢侈铺张震惊了查理曼大帝，于是他颁布了第一批限制奢侈的法令。当然，遵守这些法令的只有简朴的资产阶级女人们，而她们本就手头拮据，不敢奢想购买奢侈衣物，所以根本不需要什么禁令。

谁能来描述那个被定格在古老教堂里罗马柱上庄严肃穆的雕像上的时代？是画像陈列在小连拱廊下面表情僵硬而严肃的国王和王后们，是长眠于石棺里的王子公主们，还是粗糙简单的雕刻石像？你们中究竟有谁能告诉我们，那个由你们引领的、在时光流转和生命之河中存在过的世界，究竟是什么样子？博物馆收留了你们沉睡的亡灵，你们的雕像在你们亲手建造的建筑里站立着，面容神秘莫测。你们缄默不语，保守着属于你们的秘密。

查理曼大帝和希尔德加德王后

安托万·让·格罗斯（Antoine-Jean Gros，1771—1835）绘。

在我们的城市里，石像祖先的女性后裔——优雅的法国女人们，在拥挤的人潮中散步，在闪闪发光的店铺前驻足，过着极富诱惑力的生活。我们的老城建成太早了，随后又被无数次翻新，以至于过去的遗迹都无处可寻，最后的石块也被掩埋在最古老遗迹的地基之下。

对于支石墓[①]时代的乡村文明和生活方式，我们所知甚少，大概在最原始古老的诗句或骑士小说中能找到蛛丝马迹，或透过刺枪或斧头发现当时社会中一些隐秘的细节。

拜占庭风格的影响

而到了中世纪，罗马拜占庭风吹到博斯普鲁斯海峡[②]，首先盛行于男女服饰领域并一直流行到第一次十字军东征[③]时期。

这个时期风靡的服装形式是长袍，上面自然形成非常细致的褶皱。人们通常会有两条腰带：一条贴合实际的腰身尺寸，另一条则搭在胯骨上做装饰。除此之外，还流行透明面纱。

这是个过渡时期，我们看到时尚在摸索、倒退然后回归，有过几番改动，采用了一些被遗忘的样式；罗马服饰最初被拜占庭风格修改，初具半东方式风情。

之后的十三世纪初，当新时代从古老野蛮时代的黄昏中冉冉升起时，新的时尚萌生，清晰而果断。

这是法式时尚的真正诞生，纯粹的法式服装和法式建筑，从对罗马与拜占庭的模仿、印记和记忆中抽离出来，在我们的土地上出现的尖形穹隆建筑就是法式风情的代表。

---

① 支石墓又称石棚墓，是史前时代殡葬遗址形态的一种，在欧洲、亚洲均有分布。主要是由数块巨石立于地上为柱，支起一块大型石板为顶，石板下的空间就是墓室。

② 博斯普鲁斯海峡，又名伊斯坦布尔海峡，位于欧亚大陆之间，北连黑海，南接马尔马拉海。

③ 第一次十字军东征（1096—1099）是西方基督教的封建领主在教皇的准许下，对伊斯兰政权发动的持续近200年的战争。参加这场战争的士兵配有十字标志，故称为十字军。第一次十字军东征最终以十字军攻陷耶路撒冷收尾。

关于法式风尚，中世纪的雕塑艺术、彩绘玻璃窗和挂毯会为我们提供最好的资料。墓碑上雕刻的盛装形象是领主夫人们的真实写照，她们的外形极为漂亮出色，雕刻细节丰富，衣裙和发型均有清晰的展示，甚至还有涂料的痕迹，以便让我们能看出服装的颜色。彩绘玻璃窗则更加引人注目，人们能从上面看到对社会所有阶层的描绘，从贵妇人到平民女性——在纪念性彩绘玻璃窗上、领主的小教堂彩绘玻璃窗上或城市行会的小教堂彩绘玻璃窗上，往往会有些伟大的作品为我们描绘这类景象：身着华服的贵妇拜倒在身披甲胄的优秀骑士面前，富有的资产阶级女人与她们的市政长官丈夫或贵族丈夫相对而立。而挂毯内容则不可尽信，这种艺术在创作中有时会引入一些具有装饰作用的想象元素；尽管如此，挂毯上的形象还是能够展示一些细节，既可用来证实其他的信息，又可作为无数精美手抄本插图的额外参考。

拜占庭服饰

拜占庭，即东罗马帝国，因首都君士坦丁堡坐落在古希腊城市拜占庭的旧址上，故自十六世纪法国学者始又称其为拜占庭。拜占庭初期的服饰多沿用罗马帝国末期的样式，线条自然流动。而随着基督教文化的发展和东方文化影响的加深，拜占庭的服装逐渐变得色彩绚丽、用料华美，造型却流于呆板、僵硬。

中世纪壁画风格——拜占庭式马赛克

马赛克壁画属于镶嵌艺术类型，最早可以追溯到美索不达米亚文明时期，庞贝古城中就保留了许多珍贵的马赛克艺术作品。早期基督教的发展促进了镶嵌壁画的极大发展，拜占庭帝国统治期间，欧洲的中世纪壁画风格最突出的表现就是"拜占庭式马赛克"。

拜占庭皇帝查士丁尼大帝及其随从

查士丁尼大帝狄奥多拉皇后及其随从

拜占庭女皇帝

拜占庭皇后艾琳（约752—803）
是唯一一位以女皇身份公开统
治拜占庭帝国的女性。

拜占庭的安娜公主

988年嫁给基辅罗斯大公弗拉基米尔一世，
基督教从此正式引入为俄罗斯国家的宗教。

布里奥、苏尔考特与科塔尔迪

十一世纪的女人通常会在长袍、半裙或科特^①外面罩一件布里奥。这是一种有装饰的袍子，用优质柔软的布料制成并束一条腰带。布里奥最初由简单轧制凹凸花纹的布料制作，很快就有了各种图案和装饰，样式变得丰富漂亮起来。

人们对布里奥和科特进行过多次修改，科特由此演变成科塔尔迪，布里奥则被苏尔考特代替。科塔尔迪很合体，前系带或后系带，很好地勾勒出身体的形状和轮廓。

穿在最外层的苏尔考特

---

① 科特，中世纪女性贯头式长袍，在十三、十四世纪发展为筒形、收腰、宽松式连袖的新形式。

在装饰性服饰中，人们为御寒而加在苏尔考特上的皮毛胸衣片，或为美丽而佩戴的胸衣胸针，都为奢华贵气更添浓墨重彩的一笔。综合当时流行的新想法、独特的品味，还有外省、亲王和公爵宫廷里的时尚，科特和苏尔考特的样式因不同场合或事由而千变万化，产生了上千种不同于通用样式的独特款式。

中世纪的优雅女性身着长长的紧身罗布，十分美丽。罗布上的图案多有规律地重复，整块布料上布满蔷薇花和颜色相异且呈棋盘状的交错方格，并大面积地铺着金线或银线编织的花朵、花枝图案。这些布料形成好看的褶线，优美自然地下垂。我们现在还能在博物馆里看到一些十五世纪的展品，可以想见当初这些布料被裁成漂亮的曳地罗布后产生了何种效果。

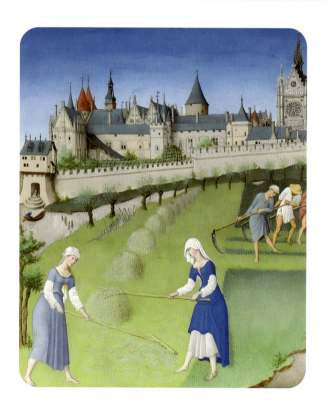

穿布里奥的中世纪女性

穿科塔尔迪的中世纪女性

十四世纪的外衣款式，与科特相比更贴合身体曲线，从腰到臀非常合体；臀围以下加入大量三角形插片，显得裙摆更大且裙长及地；领口也比科特更大，可袒露双肩；胸前、腋下或后背有系带或扣子；紧身半袖的袖肘处垂饰不同于衣身的布料；臀围线处围有装饰性腰带。

十四世纪的典礼发型

十四世纪的典礼服饰

1385年7月17日，巴伐利亚的
伊萨博与查理六世结婚。

饰有人像和纹章的罗布

随着第一批社会组织诞生和第一批小集团首领或战争领袖出现，于是纹章诞生了，随后更是被合法化。这些纹章对称排列印在夫人们的罗布上，正如她们丈夫的盾牌一样。这种风俗发展开来，很快就成为一种流行时尚，纹章便更广泛地出现在罗布上，这种罗布被称为"有装饰的科特"。

我们一起来看一看王宫或城堡里的节日庆祝活动：在开阔的大厅里（如今，这些大厅已成残垣断壁，四面透风，只有贵族没落前最后的居民——渡鸦在上空盘旋），在高高的壁炉和演奏台之间的宴会桌旁，又或者在讲坛之上、在骑士比武场周围的栅栏外，贵妇人们的罗布从上到下装饰或印着自家丈夫的武器、家族的纹章；华美的旗帜竖立着，上面栩栩如生的图案是设计风格丰富多样的纹章，囊括了所有可用于纹章的动物图案：狮子、豹子、狮头羊身龙尾的吐火怪物、狮身鹰头鹰翼怪兽、狼、鹿、天鹅、乌鸦、美人鱼、龙、鱼和独角兽。所有动物的外形都古怪荒诞，全部生有翅膀、趾甲、爪子、牙齿和角，均是半身，面孔呈蓝色、金色或绿色，从光芒四射的田野中走过或爬过。而没有装饰纹章的衣裙也并不寒酸平凡，它们上面散落着繁复的大花朵或者其他图案，给人以盛装之感。

服装的式样看起来变化各异，但实际上万变不离其宗。苏尔考特没有袖子，在身体侧面从肩到髋部有或大或小的开口，露出里面穿的罗布，里层罗布颜色虽与外层罗布的颜色不同，但非常协调，其上的图案和苏尔考特上的图案或多或少带来错落有致的效果。苏尔考特的上半身或是前胸可以装饰有御寒作用的皮毛，肩膀处和髋部的弧形开口也常用白鼬皮镶边。皮毛沿着肩膀挖洞，露出有珠宝装饰的胸部以上部分，既优美又温暖。为了显出内里的罗布，尤其是礼服式罗布，胸前袒露的面积更大。

礼服式罗布

罗布，一种罩裙，穿在最外面，原称吾普朗多（houppelonde），十五世纪后半叶改称罗布。罗布是在腰部有接缝的连衣裙，领口开得很大，胸口袒露大片面积，腰身高，衣长及地，袖子的类型有紧身筒袖和一段一段扎起来的莲藕袖，在肘、上臂、前臂有许多开口。

胡普兰衫

胡普兰衫，哥特式后期的一种装饰性外衣，特点是高腰、裙身宽大、裙长及地。初期的胡普兰衫多高领，袖大且袖口呈扇形；后期袖子变窄、多无领或翻领。用料多为花缎、天鹅绒、织锦等，贵族们喜在其上加绣花，或用皮毛做衬里。

金羊毛骑士团法国国王骑士装

金羊毛骑士团是一个非常负盛名的骑士团，它由勃艮第公爵菲利普三世于1430年创立，旨在更接近贵族并纪念他的亲人，成员仅限于24名英勇无畏、声名远扬的贵族。这一套国王骑士服饰，最突出的纹章图案就是法兰西王室的象征：金鸢尾。

金羊毛骑士团夏洛莱伯爵骑士装

勃艮第的查尔斯继承了夏洛莱伯爵这一头衔，他是勃艮第公爵菲利普三世的长子，即为后来的"大胆查理"（Charles the Bold）。大胆查理称得上是改变了欧洲命运的最强失败者，一生顽抗王权却壮志未酬。

科尔萨基、科特和苏尔考特的样式层出不穷，肩部的饰物和颈部的镶边方法多种多样。有些袒胸的低领衣服毫不低调，引得传教士们在布道台上大发雷霆，斥责当下的时尚伤风败俗；而那些讲讽刺故事的人则满不在乎，他们从中找到不少乐子。

亚麻布发明出来以后，女人们不满足于仅通过低领衣服来露出自己的亚麻布护颈或修米兹[①]的上面部分了。为了更好地展示亚麻布修米兹，她们发明了把罗布侧面裁开的方法：从肩部到髋部开一条长长的口，再用带子系住。对时尚的想象力夸张过度的优雅女性一直都存在，这时期也不例外。有些女人穿着极紧极贴身的罗布，就像把自己缝在了里面似的；有的穿着超长的苏尔考特，而其实苏尔考特的长度应当能够把罗布前面的口袋露出来，可以把手放到口袋里；还有的把半裙撩起来系到腰带上，产生非常优雅的效果，我们从一些雕塑的半裙上能够看到，这种系法会形成令人赏心悦目的褶皱。

苏尔考特长长的后摆如蛇形般拖曳在地上，专有一名侍从为贵妇们托着。罗布的袖子通常会很长，长度能一直延伸到手腕，袖口呈喇叭形，常会盖住一部分手。而穿在罗布外面的苏尔考特的袖子则更加宽大，有的从肩部就开始敞开一直垂到地面，有的会从肘部到手腕开口，还有的则是窄袖，仅留一个刚好可以伸出前臂的开口。

穿苏尔考特的贵妇

———————

① 修米兹，白细麻布制的内衣，紧袖口，袖子上有刺绣和系带，衣领下方有几排凸条纹和金银丝装饰。

对于袖子，有上百种不同的变体：长的、宽大的、紧窄的、从上到下裁剪开来再从里面用纽扣钉上的、在臂弯处凹进去或在肘部鼓起来的。最后还有宽宽大大的袖子，袖翼上开衩或裁剪成锯齿形、橡树叶子形，又或滚着细细的皮毛镶边。为了在保持优雅的同时又不失舒适，人们发明了袖子做成的"长筒露指手套"，这种袖子末端能够翻起来套在手上，形成合拢的手套，还有末端缝合的袖袋。诸如此类，不胜枚举。

圣母玛利亚的诞生（局部）

这幅意大利画家弗拉·卡尔内瓦莱画于1467年的宗教主题油画，生动再现了当时女性的服饰装扮风格。画中两位女性均身着长长后摆的苏尔考特和从肩部开衩露出内穿的窄袖罗布，为了行走方便，她们将苏尔考特的前摆提起堆叠于腰间，形成自然褶皱。

中世纪的珠宝业对于时尚来说举足轻重。无论贵妇还是资产阶级女性，所有的女人都用价格不等的金银饰物和珠宝为自己的服装增光添彩：项链、用宝石装饰的头巾和头饰、嵌有大颗珠宝的扣子、带有装饰物的绦子或金银细工制成的腰带。腰带上还系着钱包，一般用贵重的布料做成，镶嵌着金边，上面的搭扣和装饰都是镀金的。

中世纪珠宝饰品

腓力四世的法令

贵妇们是如此耀眼夺目、闪闪发光，以至于限奢令形同虚设。于是，1294年腓力四世又颁布了一些法条和禁令，禁止资产阶级女性使用松鼠皮和白鼬皮，以及镶金、镶珍珠或宝石的腰带，但所有这些法条和禁令都无济于事。他规定：

> 若这位女士不是领主夫人，或者是年金未达两千利弗尔的夫人，那么她每年只能新制两条罗布；如果她属于上述两种情况，至多则可制作四条。

> 同样，年金达六千利弗尔的公爵、伯爵和男爵每年至多可新制八条罗布，其妻子可拥有等同数量的罗布……

腓力四世还规定了从上至下各个阶级做罗布用的每古尺[①]布料的最高价格，但同样丝毫未

腓力四世

腓力四世（FELIPE IV DE ESPAÑA，1268—1314），法兰西卡佩王朝国王，他因身材高大、仪容潇洒而获得"美男子"绰号。他是卡佩王朝强势君主之一，在位期间四处用兵，为加强中央集权强迫教廷迁往法国的阿维尼翁。腓力四世限制奢侈禁令应为1294年，原书作者对时间的记录有误。

---

① 1792年6月，法国科学院院士让·巴蒂斯特·约瑟夫·德郎布和皮埃尔·弗朗索瓦·安德列·梅尚开展测量计划，经过七年之久的测量，最后确定以法国古尺5130740督亚士（Toise）为标准，以这个长度的四千万分之一为新的标准"米"，即1米等于0.512074督亚士（法国古尺）。

见成效。据规定：显赫的男爵和他们的夫人限额为二十五索尔[①]，普通小贵族或新贵族限额七索尔，而资产阶级妻子的限额最高可达到十六索尔——这一点非常引人注意，能够看出即使在很久远的年代，城市中的资产阶级和大商人的家境已然十分殷实。诚然，腓力四世的干预事无巨细，制定的法规面面俱到，然而却没有起到任何作用，就连以违者处以罚款相威胁，也无济于事。贵妇们和富有的资产阶级女人们根本无视国王的禁令，不顾丈夫的指责，藐视教堂里教士喋喋不休的训诫。

是的，传教士们对服饰的各个部分都有过抨击，然而却白费力气。他们说某些苏尔考特袖子开口过大非常不合礼仪，是"地狱之门"；波兰那尖头鞋是"对造物主的忤逆"；帽子受到的攻击则尤为猛烈，包括汉宁帽、角帽，还有埃斯卡菲翁。女人们却任他们发表言论，泰然自若地坚定维护着被攻击的时尚。

波兰那尖头鞋，鞋型很窄，紧紧裹着脚，鞋头尖而翘，材料主要为柔软的皮革，上流社会也会使用刺绣纺织品、天鹅绒和丝绸，鞋尖用鲸须、羊毛或苔藓支撑。这种鞋最早出现于十二世纪，由当时波兰的贵族制造，后来传到欧洲，在十四、十五世纪非常流行。教会认为这种鞋子长度太长，穿它的人无法跪下进行祷告。

在时尚这件事上，女人们不承认王权和教会的权利，甚至也不承认丈夫的封建地位，她们只听从自己。这个时期的贵妇人偶尔也会穿波兰那尖头鞋，就是那种非常著名的翻嘴鞋。波兰那尖头鞋最初是为男性设计，它的尖头上常会装饰一个叮当作响的铃铛，后来女人们也被这种鞋子深深吸引。此时，她们对高跟还一无所知，但会通过穿穆勒鞋[②]或使用一层又一层的鞋垫来增高自己的身量。

---

① 索尔，小于利弗尔的货币单位，20索尔等于1利弗尔。
② 穆勒鞋，一种包裹脚背不露脚趾、只露出脚跟的套鞋，在古罗马时期已经出现，最早是套在鞋外保护鞋和衣摆不会被弄脏，故鞋底会由多层的皮革或木片组成。

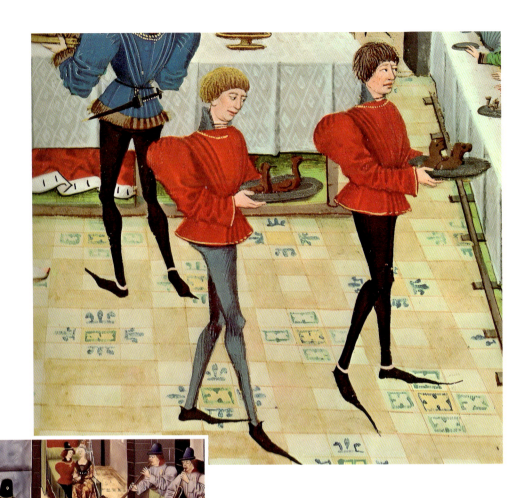

波兰那鞋

波兰那鞋（poulaine）是十四、十五世纪流行的男鞋，据说由波兰人发明，故此得名。这种鞋的特点是鞋头很尖且有向尖长发展的趋势，到十四世纪末期，最长的鞋尖可达1米左右。当时人们普遍认为越是地位高的人，鞋尖就越长。因为过长的鞋尖妨碍行走，故而会将鞋尖向上弯曲，用金属链拴到膝下或脚踝处。

汉宁和埃斯卡菲翁

　　贵妇们的帽子大得超乎寻常。其中，汉宁帽独领风骚；埃斯卡菲翁形状各异，有的呈花朵形，有的呈新月形；还有心形的波奈特帽，用刺绣布料做成，也是一种大型的头饰，上面装饰着盘成网格状的绦子和珍珠，周围镶了一圈珠宝，做出一条粗粗的卷边，呈心形垂落于额头之上。但在所有样式的帽子里，最令传教士反感的要数带角的埃斯卡菲翁了。这种埃斯卡菲翁是由一个装饰着宝石的宽大框架架在耳朵上，一层又薄又细的纱从角尖飘落到肩膀上。

心形头饰

带角的埃斯卡菲翁

角形头饰

每个时代都有很多从英国传过来的奇装异服，据说埃斯卡菲翁也是从英国传过来的。我们看到，从很早的时候开始，时不时就会卷起一阵英国风。维奥莱·勒·杜克在他的著作《家具辞典》中，收录了十五世纪初期阿伦德尔伯爵夫人的墓前雕像，这座雕像就戴着大大的埃斯卡菲翁。

传教士和伦理学家们把戴这种帽子的女性形象比作恶魔、长角的兽类，他们说，一个女人如果做过十二次不忠贞的事，她会进入炼狱①；但是，对于戴着带角的埃斯卡菲翁的女人，他们毫不留情地直接判她们进地狱！

大大的汉宁帽像一个巨大的圆锥形容器，紧贴着额头，把所有的头发包裹在里面。汉宁帽就是一顶花布圆锥大礼帽，装饰着珍珠，额前覆着一块或长或短的小面纱，在最高处，也就是帽子的尖头处会有一束轻盈的细纱垂落下来。这种结构的帽子有些古怪或者说让人不舒

装饰着大片薄纱的汉宁帽

服，但并不荒谬可笑，它高大、醒目且充满魅力。由于它其实非常得体，为容貌和从头到脚的整体形象添加了极其庄重的感觉，所以在接近一个世纪的时间里，女人们都坚持戴着它。说到最后，我们可能并没意识到但却会下意识地承认：这种大大的汉宁帽与当时的建筑风格颇为相符。

---

① 炼狱，指天主教等宗教中人生前罪恶没有赎尽、死后灵魂暂时受苦的地方。

那真是一个扩张崛起的宏伟时代！教堂的尖顶线条纤细，向高处射去，牵引着世间的灵魂，直入云霄。建筑物如雨后春笋遍地出现，它们的所有线条都向上伸展。如果我们留心，会发现这是一个房屋或宫殿的墙面美得令人赞叹的时代，一个充斥着金银细工和雕花宝石的时代，一个有很多外形纤细的小塔楼和装饰着垂花饰屋脊的时代，一座城市里竖立起上千座钟楼和上千个尖顶的时代。那么，对于人们不断地拔高汉宁帽，我们就非常能够理解了。就像所有事物的升高一样，它的寓意也是向着理想的境界攀登，因为这些高高的、装饰着飘扬长纱的汉宁帽，必然会为贵妇们的姿态和步伐带来真正的高贵之感。

小汉宁帽

形形色色的中世纪女帽

高高的汉宁帽

托马斯修士的反汉宁运动

然而，各处的传教士和僧侣们都在叫嚣："打倒汉宁帽！"其中，呼声最强烈、影响最大的是雷恩的一位名叫托马斯·科尔内特的加尔默罗会修士①。

他所经过的城市都掀起了真正的反奢侈运动，尤其针对可怜的汉宁帽。他从布列塔尼到安茹地区、诺曼底地区、法兰西岛、法兰德斯、香槟地区，所到之处无不进行庄重严肃的布道。在每座城市里，他都会站在高高的公共露天布道台上，大肆抨击那些过分热衷于讲究服饰的女人，威胁她们这样的行为会点燃上帝的怒火。他怒斥被魔鬼附身的汉宁帽和埃斯卡菲翁帽引发了人世间所有的痛苦、恶习、耻辱和罪孽，以及人类所有的卑劣言行。

托马斯修士被信念的激情驱使，这让他并不仅限于布道。在布道结束时，这个满怀激情、一脸严肃的男人拄着木棍，从前来听他布道的贵族妇女或资产阶级女人们中间穿过，她们充满惊恐，尖叫着、推搡着，而他则毫不留情地对汉宁帽进行猛烈粗暴的攻击——打倒汉宁帽！打倒汉宁帽！所有的女人，只要她的帽子大小超过了普通的帽子一点点，就会被托马斯修士煽动的顽童们在街上追赶。

但是，就在布道和暴行的双重打击下，戴汉宁帽的行为并未减少，修道士一离开，汉宁帽就戴回来了。从一座城市到另一座城市，托马斯不懈地开展反奢侈运动，直到他来到罗马这座基督教徒中心城市。由于演讲的教化作用反响平平，他被激怒了，把所有的分寸抛掷脑后，暂时搁置对汉宁帽的攻击，转而抨击红衣主教乃至教皇。这番操作无异于玩火，这个可怜的男人被指控为邪教异端，被拘捕之后惨遭焚烧而亡。

---

① 加尔默罗会，又译迦密会，俗称圣衣会。十二世纪中叶，由意大利人贝托尔德于巴勒斯坦加尔默罗山创建，会规严格，包括守斋、苦行、静默、与世隔绝等。

中世纪人们谴责女性的着装

在时尚的历史长河中，罗曼蒂克的气息无处不在！在女性装扮的编年史里，有怪诞的情节，也有浪漫的人物穿越伟大的历史。她们是那么迷人且充满诱惑力，有时是极具诗意的娇花，有时又是危险的海妖——托马斯·科尔内特是对的！这就是时尚！

带花边的袖子

美丽贵妇

数个世纪以来的多幅女性画像展示了彼时的时尚，画中的贵妇人或高等交际花呈侧身姿态，或右手在前，或左手在前——以左手在前的居多。

应该把她们的名字写下来，她们其中的每个人都值得独立成页，成为一个新的篇章：阿涅斯·索蕾尔，迪亚娜·德·普瓦捷；玛格丽特王后与加布里埃·德斯特雷——亨利国王的第一任妻子和最后一位情妇；玛丽昂·德洛姆；大郡主蒙庞西耶女公爵；"太阳王"执政前期的蒙特斯潘侯爵夫人和他执政后期的曼特农夫人；以娇俏为显著特征的十八世纪的可人儿蓬帕杜夫人；玛丽·安托瓦内特，她是逝去世界最后一抹忧郁的光芒；还有塔利安夫人，约瑟芬……

在第一个篇章——阿涅斯·索蕾尔之前，是巴伐利亚的伊萨博，她是法国国王查理六世的王后。作为时尚界的女王，她优雅而美丽。初到巴黎时，她热衷

迪亚娜·德·普瓦捷

迪亚娜·德·普瓦捷（Diane de Poitiers，1499—1566），亨利二世的情妇，曾公开与亨利二世一起行使政治权利。

于舞会和聚会；后来内战爆发[①]了，尽管身处黑暗的时代，伊萨博仍一直保留着对奢华服装的梦想和对优雅的追求。

　　继伊萨博之后，查理七世的美丽情妇——阿涅斯·索蕾尔将引领她的时尚时代。查理七世常住布尔日，乐不思蜀——于他而言，情妇和乐子就是生活的全部。身材高大的圣女贞德身披战士的盔甲与英国人作战，为国王夺回了一大块土地；而另一个女人，圣热罗美丽的阿涅斯·索蕾尔，一位既不高大又不圣洁的女子，将圣女贞德的使命继续下去。她金发蓝眼，以美貌点燃了查理七世的激情。在她的推动下，国王方才与英国进行抗争，收复了一座又一座百合花盛开的城市，最终在历史上赢得了"胜利者查理"的伟大称号。

戴头纱的阿涅斯·索蕾尔

① 指阿马尼亚克派-勃艮第派内战（1407—1435），伊萨博支持的奥尔良派（后来的阿马尼亚克派）与逐渐在朝政中失势的勃艮第派之间爆发的战争。

加布里埃·德斯特雷

加布里埃·德斯特雷（Gabrielle d'Estrées，1573—1599），亨利四世的情妇，对他影响很深，曾促成"南特敕令"颁发，使法国结束了长达数十年的宗教纷争。她在与亨利四世的婚礼前夕意外死亡，亨利四世悲痛万分，史无前例地穿黑衣前来哀悼并以王后的规格为其举行葬礼。

玛丽昂·德洛姆

玛丽昂·德洛姆（Marion Delorme，1613—1650），法国史上著名的交际花。

大郡主蒙庞西耶女公爵

大郡主蒙庞西耶女公爵（Duchess of Montpensier，1627—1693），即安妮·玛丽·路易丝·德·奥尔良（Anne MarieLouise d'Orléans，1627—1693），大郡主（La GrandeMademoiselle）、路易十三的弟弟奥尔良公爵加斯东的大女儿。

蒙特斯潘侯爵夫人

蒙特斯庞侯爵夫人（Madame de Montespan，1640—1707），太阳王路易十四的最著名的情妇，她与路易十四育有七个私生子女，发明了华丽的钟式裙。

曼特农夫人

曼特农夫人（Madame de Maintenon，1635—1719），法国国王路易十四的第二任妻子。

玛丽·安托瓦内特

玛丽·安托瓦内特（Marie-Antoinette，1755—1793），法国国王路易十六的王后，法国大革命爆发后被以叛国罪在革命广场的断头台处死。

塔利安夫人

塔利安夫人（Madame Tallien，1773—1835），法国大革命参与者、沙龙组织者，被称为"热月圣母"。

真正的胜利者是阿涅斯！军费不仅用来养护粗犷的士兵、国王的长枪和射石炮，也用于维持美人的巨额奢侈消费，比如购买成千上万个新奇玩意儿用于她的装扮。这当然也算作战争开支，因为古老的抒情歌曲唱道：

> 只要阿涅斯一声令下，
> 国王便会战绩更佳。

贞洁、英勇的女英雄贞德穿上铠甲，带领公爵、领主和战士们投入战斗。美丽的、集国王万千宠爱于一身的阿涅斯，却用一种迥然不同的方式开展爱国事业——

她露出香肩，发明了从胸部一直袒露到腰间的科尔萨基，把高高的、飘着薄纱的汉宁帽改得更高……然后查理国王的军队前进着，

热衷低胸服饰的阿涅斯·索蕾尔

阿涅斯·索蕾尔引领了低胸的潮流，尽管这在当时被很多人认为不雅，但查理七世十分喜爱。就连兰斯大主教建议应当纠正这种不雅时尚时，查理七世也不过一笑置之。

中世纪女性狩猎时的着装

占领城堡、城镇和外省，最后驱逐了英国人。阿涅斯可以说是在战场上牺牲的，因为她在瑞米耶日①附近去世，当时她正陪伴为收复诺曼底而作战的君主左右。

同其他地方的宫廷一样，勃艮第宫廷在摆阔、讲究排场上也总是与巴黎宫廷暗中较量，并为法国时尚引进了外来元素，其中以从佛兰德②引进的尤多。这是中世纪服装最后一段令人目眩神迷的时期，外来元素在此时得到充分展示，夺人眼球。男男女女身着的巨大胡普兰衫看起来就像一块挂毯，在它的覆盖下，身体的主要线条都看不到了。

① 瑞米耶日（Jumièges），法国诺曼底大区滨海塞纳省的一个市镇。

② 佛兰德（Flandre），在中世纪时为佛兰德伯爵领地，包括今天的比利时东佛兰德省和西佛兰德省、法国的北部省以及荷兰的泽兰省南部。

不过还好，在度过了这段摸索时期之后，文艺复兴时期即将到来。

但还是要说，中世纪的女性服装和配饰远不止这些内容，还有很多漂亮的款式和特征！比如，她们在庆典时所穿的服装，富丽华贵的布料搭配闪闪发光的首饰；所有阶层的居家服装或者外出服装；还有贵妇们旅行和狩猎时的穿着，她们打猎时骑着套了华贵马具的母骡或跨着高大的良驹，带着猎隼，追逐猎物。

十三世纪的英格兰女王普罗旺斯的埃莉诺

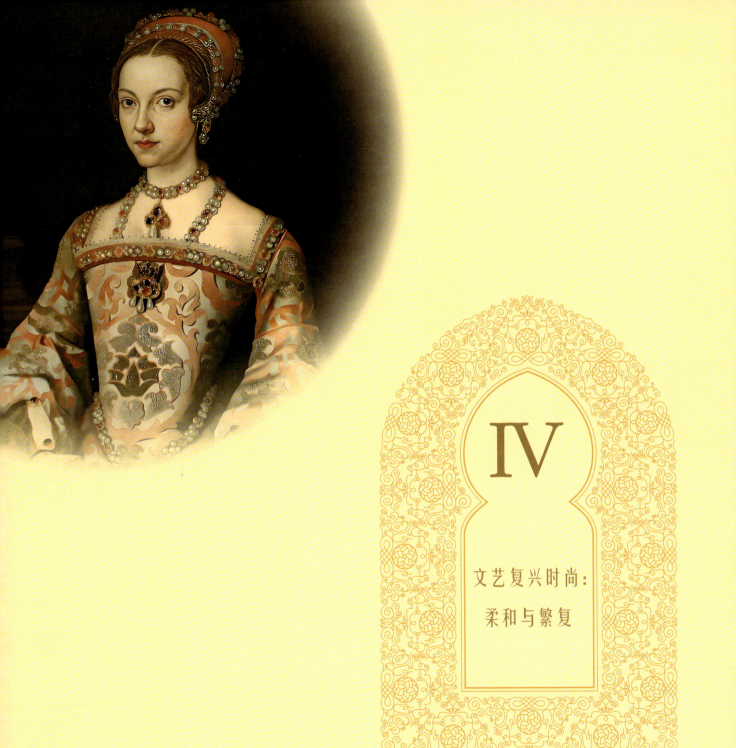

IV

文艺复兴时尚：
柔和与繁复

文艺复兴时期

　　随着查理八世的远征，中世纪的时尚悄然风起弗朗索瓦。哥特时代结束，男装发生变革，女装亦将变化。这股风连带着卷走了很多其他的东西，包括法国本土的建筑风格和品味，还有外观古怪却牢牢占据女人头顶近一个世纪之久的汉宁帽。

　　服装风格开始日趋柔和与繁复。紧身胸衣和科尔萨基替代了苏尔考特，这两种服装用色与罗布多不相同且整件衣裙上都有装饰以及烫金的花枝图案，胸部上方裸露并覆以多排项链。紧身胸衣袖子的颜色与科尔萨基相异，尺寸阔大并有开衩，有时又会由多片小块布料组成，用系带或饰带绑在一起，在肩部或肘关节部分也有开口，可以露出里面精美的弗里西亚亚麻衬衣。这种袖子上出现的层层垫圈和袖衩，在以后的时光里还将久久延续。

佩戴多排项链的英国女王

1536年，汉斯·霍尔拜因（Hans Holbein）为英国女王简·西摩（Jane Seymour）创作的肖像，画中她佩戴着他设计的珠宝。

人们总是从一个极端走到另一个极端，方头鞋取代了尖长的翘头鞋，各种各样的低平帽也一时流行。

文艺复兴时期的低平帽和方头鞋

宽大的时尚

　　人们用宽大的帽檐或包头布将后脑勺盖住，再用镀金的头饰框住前额和脸部。这些装饰着串珠网格的帽檐和头饰，因不同的地区受佛兰德风格、莱茵河沿岸风格和意大利风格影响的程度不同，式样也各不相同。其中一种开衩帽子，后来演变成带锯齿和大开口的宽大贝雷帽，被瑞士或德国的雇佣步兵使用。

十四世纪初期的时尚

这些时尚主宰了整个弗朗索瓦一世统治时期，在这位骑士王令人眼花缭乱的宫廷里，在贵妇和富裕的资产阶级女性居住的城市中，无不盛行。这其中有一个史无前例的创新，对服装的其他部分产生了影响、在一定程度上决定了服装裁剪和比例的重要革新，它便是贝尔丢嘎丹。这一创新将颠覆时尚界，改变服装的线条。

这种使用某种材料的框架撑起来的宽大裙子，流行了三个世纪之久。在这三百年里，撑起裙子的贝尔丢嘎丹几经搁置又屡次被穿起，名字也多次变换：帕尼埃、克里诺林、巴斯尔，等等。总之，它一直流行在我们的视野之中。

骑士王——弗朗索瓦一世

弗朗索瓦一世（François I，1494—1547），路易十二的继任者，又被称为"大鼻子弗朗索瓦""骑士王"，是法国历史上最著名和最受爱戴的国王之一，其统治期间的法国文化达到一个发展高潮。

文艺复兴早期的女装

　　三百年来，裙摆的宽度也发生着规律性的变化。起初，裙子的尺寸是适度的；随着眼睛对它规模的适应，裙摆被越撑越大；当它达到一种极致的、夸张的、不切实际的宽度后，尺寸又慢慢缩小；这种变大、变小的阶段反复出现。文艺复兴早期，女士们的轮廓在钟与铃铛之间摇摆不定。她们的衣裙尺寸变小、变瘦，直到贝尔丢嘎丹彻底消失；其后数年间，时装款式非常贴身，再之后，巴斯尔出现了，恍惚间仿佛贝尔丢嘎丹复出，裙子又开始膨大起来。在所有的时代里，不管这种长裙的名字怎样变化，无论它一直被怎样毫不客气地诋毁、讽刺或嘲笑，甚至连政府都颁布法令要求它缩减规模，可它却总是能够取得胜利。而且，这世上没有哪一种力量像它一样被如此之多的敌人联合起来激烈地反抗，也没有哪一个机构像它那样遭受过如此强劲猛烈的攻击。

弗朗索瓦一世的两位王后

（左）法国的克洛德是弗朗西斯一世的第一任妻子，（右）奥地利的埃莉诺是弗朗西斯一世的第二任妻子。

　　无论是君主政体还是共和政体，都有反对者和支持者。然而，唯有贝尔丢嘎丹、帕尼埃、克里诺林遭到所有丈夫、所有男人的反对！有过同样多敌人的，大概只有束胸了——它也同样取得了胜利。

　　贝尔丢嘎丹大约诞生在十六世纪三十年代，也就是弗朗索瓦一世时期。比起任何政治变革，它的问世都更好、更彻底地标志着中世纪的结束。形态极其优美的紧身罗布和带有直褶的罗布消失了，一个时代宣告结束了。

最初，贝尔丢嘎丹被称为"褶子铁"。那是因为起初人们用铁丝做成框架，外面包上打褶的布系在腰间并安在裙子里面，长度直到下裙摆，用这种方法把裙子变得更宽大，所以这种框架被命名为"褶子铁"。后来，这个名字的使用范围扩大到木质或鲸须做的框架。

比起修长贴身的优雅，弗朗索瓦一世时期的女装更偏宽大、庄重。这一时期，裙子用料多是丝绒、素缎和缀满不同颜色花朵的彩缎。袖子或宽大而下垂，内衬貂皮；或巨大而塞满了填充物，从肩部直到手腕层层叠起，用浅色的丝绸做成绉泡并从敞开的袖衩里露出。

带填充物的袖子

巴斯克式紧身胸衣出现。很可能它还不是科尔萨基里面遮着一个骨架，而是为了变得挺直，故在自身的制作材料里加入了鲸须，有关这种衣服的描述极为含糊，使我们形成了这种想法。

头饰方面，这一时期有阿提菲特、夏普仑帽，还有各种头巾。由于科尔萨基把脖子和双肩大面积地袒露在外，因而出现了颈部和肩部的饰品——科尔萨基的开口处引入了慵懒开

尽显腰身的紧身胸衣

放的意大利风格，丈夫们多因此心生不快，但其实男装肩颈处的袒露面积也不小——于是女士们在珠宝和金银制品上的大额花费超出丈夫们愿意支付的范围。可这仍不能阻止王后、贵妇和资产阶级女性倾囊倒箧，争相购买金链子、珍珠、宝石等首饰。

继大红大紫的埃唐普公爵夫人①之后，国王的另一位情妇费罗尼埃夫人发明了另一种打扮方式，即用绳子将一块红宝石固定住，佩戴在额头正中。在点缀着繁复的、流光溢彩的科尔萨基和腰带装饰之外，又多了一样头饰，真是绝妙的主意！自然，费罗尼埃发明的头饰迅速流传开来。

---

① 埃唐普公爵夫人（Duchess of Étampes，1508—1580），弗朗索瓦一世的首席情妇。

奢侈华丽的头饰与服饰

阿提菲特

阿提菲特（Attifet）是一种尖端垂过额头向后延伸、在头部两侧形成两个半月形并整体呈心形的头饰。据说，它由凯瑟琳·德·美第奇王后带到法国继而流行起来的。

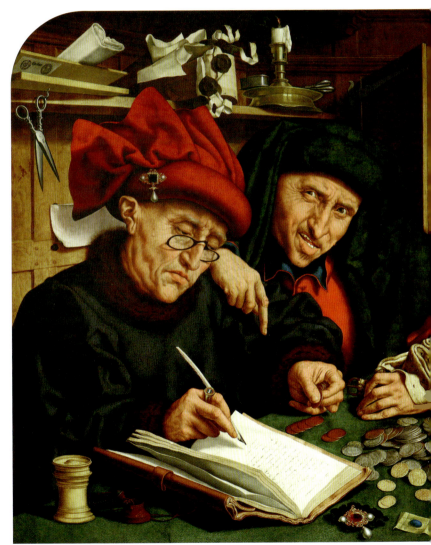

夏普仑帽

夏普仑帽（Chaperon）是一种留出长长尾端的兜帽。这种帽饰在十五世纪中叶的勃艮第尤为流行，且有诸多变体。出自《税吏》，约1525年。

同时，还有更多新配件和饰品问世。夏天出现了羽扇——需要用金银装饰的物件又多了一个，冬天则是手笼。依据国王颁布的法令，资产阶级的女人使用黑色手笼，色彩缤纷的手笼则是贵夫人们的专属。还有从意大利传过来的女用小阳伞，只是它们分量太重，因而并未得到广泛的青睐。

镶嵌珠宝的头绳

镶嵌珠宝的发网

十六世纪的忧郁时尚

随后而来的十六世纪宗教改革运动使得社会动荡不安，阴郁忧伤的气氛仿佛一顶熄灯罩，笼罩在了这段光芒耀眼的时代之上。

那是个既无所畏惧又耽于享乐放纵的时代，弗朗索瓦一世这位国王好大喜功、挥霍浪费、讲究排场，他的当政时期充满了流光溢彩、奢华无限、财大气粗——然而，时尚的画风将会突变，从前它有多么豪华，之后就有多么晦涩；从前它有多么耀眼斑斓，之后就有多么黯淡无光。

亨利二世当政的初期，上演了一场时尚领域忧郁风格与欢快风格的真正较量。但很快，忧郁风格占了上风，优雅之光一点一点熄灭，时尚的画风转变，很快就从灰暗的、没有光泽的颜色过渡到纯黑色。岁月亦仿佛变成了黑色，日子艰难起来，这就是宗教改革时期的时尚。最开始是宗教教派之间的口舌论战，之后演变成大炮、火枪、火刑和绞刑交织的战争。

从1549年起，亨利二世便开始与奢侈作斗争。他颁布了一项法令，禁用了一大批饰物、衣料、装饰用的金银线织物、花边装饰和带金银线的呢绒、缎子，同时对穿着做出严格规定，明确了社会不同阶层对应的衣料材质及颜色。只有王子和公主们有权从内到外整身穿着绯红色，贵妇及其丈夫的穿着里只能有一件单品可以使用这种鲜艳的颜色。对于更低社会阶层的女性，她们之中地位最高的可以穿着除绯红色以外任意颜色的衣裙，剩下的则只能穿淡红色或黑色的衣物。衣料亦不能随意使用，不同的阶层从上到下依次有权使用缎子、天鹅绒及简单呢绒。

亨利二世

亨利二世（Henri II，1519—1559），弗朗索瓦一世的次子，法国国王。他在位期间（1547—1559）对胡格诺派信徒多加迫害，并且因与西班牙发生多次战争致使法国财政负担沉重、王权衰落，引发了长达三十多年的法国宗教战争。

当相关法令通过并落实的时候，长长的哀鸣回荡在整个法国。在法国各地，夫人们勇敢地展开了合作紧密的斗争，寸步不让地保护她们穿用金银珠宝饰物、华丽衣裙、奢侈面料和鲜艳颜色的自由。她们与政府人员交涉，为拯救和保留力所能及的一切可以找出一千个巧妙的理由。

国王不得不重新执笔，通过一系列的解释性条款对法令进行补充，对允许的和禁止的情况逐个进行详细说明。他对夫人们作出了一些让步，一些小型的雅致衣饰还是被允许的，但对于其他的东西，该禁的还是被禁，要求严格执行限奢法令。龙萨①在一份写给国王的诗体书简里赞颂了国王的改革法令：

亨利二世时期的礼服

　　　曾在法国随处可见的天鹅绒，
　　　只能在玩偶上重现荣耀……

① 龙萨（Ronsard，1524—1585），法国爱情诗人，创作有著名的十四行诗《爱情》。

凯瑟琳的"飞行中队"

　　亨利二世的王后凯瑟琳，那个阴暗的意大利女人，用她的血液腐蚀了瓦卢瓦家族，这位满身罪恶的投毒者[①]带来了生命的终结，仿佛一个巨大的黑色幽灵，统治彼时依然光芒闪耀的法国宫廷，她的出现标志着充满罪行和屠杀的时代启幕。

　　也是凯瑟琳，她把对娇媚的追求留给了宫廷里的其他女眷和丈夫的情妇迪亚娜·德·普瓦捷。这一时期最美丽的作品大多以素雅的色调为主，有一种由黑、白、灰和谐组成的严厉的优雅，这是迪亚娜的颜色。传说迪亚娜有着无与伦比的美貌，在文艺复兴时期被奉为谜一样的女神。让·古戎特别为迪亚娜创作了塑像，就像更晚一些时候的卡诺瓦为另一位美人公主波利娜·博尔盖塞夫人[②]创作了塑像一样。

迪亚娜·德·普瓦捷

迪亚娜·德普瓦捷（Diane de Poitiers，1499—1566），亨利二世的官方情妇。

---

①　在一些中世纪民间传说中，凯瑟琳王后的嫁妆中有毒药配方，她指使侍从把投了毒的物品赐给穷人。

②　卡诺瓦（Canova，1757—1822），意大利新古典主义雕塑家。波利娜·博尔盖塞夫人（Pauline Bonaparte，1780—1825），拿破仑·波拿巴的妹妹。

迪亚娜·德·普瓦捷来到让·古戎的工作室

因为她热爱骑马，法国著名雕塑家让·古戎（Jean Goujon，1510—1567）以她为原型创作了一尊狩猎女神的塑像。迪亚娜在丈夫去世后就再未穿过黑白之外颜色的衣服，此举影响了她此后的情人—比她小近二十岁的亨利二世。亨利二世即位后举办的公开活动，甚至宫廷的装饰都以黑白为主色调。

亨利二世去世之后，凯瑟琳为了纪念他而穿起了丧服，从此再没有褪去。黑色的大裙子、黑色的科尔萨基、肩部宽大的黑色袖翼、颈部高高的黑色绉领，还有黑色的兜帽，或者是垂下尖角可以遮住充满阴谋前额的发巾，这从头到脚如夜一般、如她的灵魂一般的黑色，伴随她跨越了三个国王的统治——这三个国王都是她的儿子。但她的周围，却围绕着一大群年轻漂亮的女孩——她的侍女们，人们称之为"王后的飞行中队"[①]（l'escadron volant de la Reine）。在凯瑟琳策划或粉碎的成千上万个阴谋时，这支"飞行中队"比真正骁勇的士兵还要好用。

凯瑟琳·德·美第奇

凯瑟琳·德·美第奇（Catherine de' Medici，1519—1589）生于佛罗伦萨，法国国王亨利二世的王后，与亨利二世所生的三个儿子是瓦卢瓦王朝最后的三任国王。她具有较高的政治才能，在天主教与胡格诺派之间周旋平衡。

① 这是19世纪作家对凯瑟琳王后身边一些侍女的称呼，在一些文学作品中这些女子被描绘成是由凯瑟琳王后派出的间谍，利用女性魅力周旋于敌人之间。

凯瑟琳·德·美第奇和她的侍女们

绉　领

　　大概是从佛罗伦萨嫁过来的凯瑟琳把绉领带到了法国，很快，法国的男人和女人就都用上了绉领。

　　绉领的式样各不相同，有简单朴素的，也有复杂得令人难以置信的；有些是非常简单的亚麻布仅镶嵌着珠子，也有些用极其漂亮的蕾丝做成。这项发明让女性充满魅力又格外美丽，就像很多其他的时尚发明一样，虽然不够方便舒适却极好地衬托出了女性的脸庞，它让女人的脸蛋看起来就像一颗珍贵宝石镶嵌在最精致的花叶边饰之中。

它们是女性装饰艺术的杰作，闪耀着文艺复兴时期所有的优雅之光。那些雕刻青铜制品、金银制品的工匠们，那些在宫殿墙壁上雕刻精致雕像的艺术家们，都为这些绉领提供了设计。在布鲁塞尔、热亚那，尤其在绉领的第一个制造中心威尼斯，到处都有描绘绉领的本韦努托·切利尼①们。

不同式样的绉领

---

① 本韦努托·切利尼（Benvenuto Cellini，1500—1571），文艺复兴时期出生于佛罗伦萨的金匠、雕塑家、画家。

但是，绉领的美并非一蹴而就，而是在亨利三世时期才达到它最漂亮的比例。最初它们只是简单的围脖，带着圆形或椭圆形褶皱环绕脖子，高度可达耳下。后来，在那些越来越晦暗的日子里，领饰的风格也越来越庄重朴素、包裹严密。虽然天主教徒依然保持着他们相对宽容的做派和习俗，但严峻苛刻的新教思想却很快占了上风，宗教间的论战日益粗暴激烈，内战阴云笼罩着整个法国。

短命的弗朗索瓦二世统治时期，可怜的玛丽·斯图亚特也在宫廷中昙花一现，之后就是查理九世当政了。此时，服装基调是朴素低调的。男装普尔波万、科尔萨基以及肩部膨胀的袖子上都有开衩，简单的首饰或装饰则有：称作束腰绳的宽大腰带上的带扣和佩剑带、装饰性的小钱袋、衣领下面的项链，以及领口和袖口的椭圆形小皱边。

穿普尔波万的亨利二世

贝尔丢嘎丹的功绩

查理九世的掌玺大臣是那些夸张过度的贝尔丢嘎丹之敌，他在1563年颁布了一项严格的法令，在一定程度上将贝尔丢嘎丹的尺寸缩小了一些。也是在这项法令里，他禁止男人穿鞋底垫高的鞋子。然而，当查理九世巡幸图卢兹时，美丽的图卢兹女人们前来求情，恳求国王从宽修改掌玺大臣颁布的冷酷严厉的法令。宽厚的国王赦免了贝尔丢嘎丹，允许它继续保持以前那样夸张的尺寸。日后对于胡格诺派，这位国王可就没有如此包容了。

不要嘲笑贝尔丢嘎丹的庞大尺寸，如果编年史里记载的是真事，那么在之后的某一天，它将会拯救法国。前来参加法国国王亨利四世和玛戈王后婚礼的胡格诺派教徒们在卢浮宫暂住，当圣巴托洛缪日的暴徒们用剑戟对他们展开大屠杀时，玛戈王后将她的丈夫亨利四世藏在她的贝尔丢嘎丹之下，护他逃过一劫。

亨利四世和玛戈王后离婚

1572年8月24日，即法国公主玛格丽特·德·瓦卢瓦与波旁王朝的亨利·德·波旁的婚礼后第五天，天主教徒在法王查理九世的默许下于巴黎城中肆意追捕胡格诺派信徒。新教徒一旦被发现，不经审判就被处死在街头。屠杀持续约有一周，死亡人数数以万计。这就是"圣巴托洛缪大屠杀"，法国历史上最为惨烈的宗教屠杀之一。

建筑、家具以及时装等一切事物，一一黯淡无光了。建筑朴素峻板，式样朴实无华，不再是文艺复兴时期那般洋溢着勃勃生机、充满异教风格的轻松活泼。在大量以愉悦为基调的发明之后，建筑进入苦修阶段。在这些格调阴郁的建筑里，家具摆放风格也是呆板的、一本正经的。您看那些方形的桌子和椅子，没有装饰、没有雕刻，只是原木上裹着颜色暗沉的布料，上面分布着大钉子：这简直是灵柩台的风格。

在这些肃穆的建筑里，在这些如披丧服的房子里，住着的是穿着同样悲伤色调服装的人。长长的罗布套在宽大的贝尔丢嘎丹和高竖的领子外面；坚硬的柯尔佩凯①外面包裹着硬挺的布料或鲸须做成的紧身胸衣，与从背后系住的巴斯克上衣一道将女人的胸部使劲挤压、囚禁在内。上街的时候，女人们爱在她们轻便的厚底鞋

查理九世

---

① 柯尔佩凯（corps piqué），1577年前后出现的束胸。由两片以上加了薄衬的麻布缝在一起，在前、侧、后部还加入了鲸须。开口在背后或胸前，用绳或细带系紧。

下加上软木鞋垫。这种办法在几百年之前就开始用了，但是人们仍会嘲笑那些总是穿超高厚底鞋，或者使用一层又一层鞋垫来增加身高的小个子女性。

在头饰方面，网巾大为流行。其中一种会在额头处留有一方尖角，使得脸蛋看起来犹如心形，玛丽·斯图亚特就常戴这种头饰。还有一种黑色天鹅绒夏普仑帽，这种帽子则被认为不太得体。

查理九世时期的紧身胸衣

面罩和脸颊罩

如果贵妇人——甚至连资产阶级女性都算在内——出门时不戴面罩将被视为不合礼仪。作为一种外来时尚，黑色的脸颊罩给本就阴郁的整体服装又增添了一抹悲伤。

黑色天鹅绒制成的脸颊罩很短，可露出脸的下半部分。脸颊罩带有在下巴处结扣的系带，可从耳朵后面系住，或者更精致的做法是用牙齿咬住一颗玻璃纽扣，从而将脸颊罩固定住。从贵族夫人到小资产阶级女性，这种时尚在她们身上流行了很长时间，一直持续到路易十三世时期。

这种脸颊罩是漂亮的，但另一种遮住脸颊和鼻子的小面罩则不然了。这种小面罩是一块与夏普仑帽两侧相连的黑布，从眼睛下面开始直至遮住整张脸的下半部分。这真是奇怪又毫无魅力可言的发明，在扮丑上大概能与开罗女人的面纱相提并论，但这种小面罩似乎因其实用性自有它存在的道理。

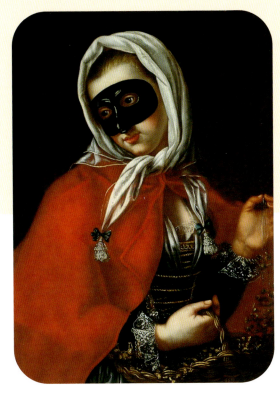

脸颊罩

美容用品和化妆用品

女人们按照凯瑟琳·德·美第奇带来的意大利时尚在脸上大肆涂抹，像纯朴的加勒比人一样打扮，她们将最鲜艳、对皮肤伤害最大的颜料涂在小面罩之下的脸上。女人们的脸上涂抹着朱红色的颜料，或者以保持脸蛋鲜嫩为由，竞相抹着令人倒胃口的软膏或蹩脚劣质药膏。

呜呼哀哉！对于这种"圣油"，更确切地说是蹩脚透顶的大杂烩，说明书里为年轻夫人们写明了它的成分：松节油、百合花、蜂蜜、鸡蛋、贝壳、樟脑，等等。所有这些东西都被放在一把灰泥中煮熟再一一捣碎，然后变成流体。哎哟！用了这个以后，面罩真是太有必要了。

凯瑟琳带来了佛罗伦萨的勒内，其专为美丽的宫廷夫人们提供胭脂、香水和化妆用品。我们知道，这个人经常为王太后煮制其他害处更大的东西，用优雅低调的方式除掉那些碍眼之人。

手工刺绣的袖口

那是一个什么样的时代啊！从王国的这端到那端，战争中的各个派别混成一团，互相争吵、互相憎恨、互相打斗。在那三十年里，一切都乱七八糟。天主教的军队和外省人追随的胡格诺派洗劫了一座又一座城池，烧毁了一座又一座城堡，妇女和儿童都被卷入残酷无情的战争中，突然爆发的战争和屠杀接连不断……

亨利二世逝世后的凯瑟琳·德·美第奇

城市和乡村被阿尔戈利斯骑兵、天主教火枪兵、在法国的德籍雇佣骑兵或者新教徒围攻、蹂躏，大大小小的城堡被迅雷不及掩耳之势的突袭攻占……当人们感觉自己不是最强大的那一方时，只剩两种选择：要么逃离、要么死亡……

宗教改革时期的服饰

我们都能够理解，在那凄惨的年代里，女装多多少少有点男性化。在这种艰难的时期，可怜的女人们为了生存，常常需要像男人一样跨坐在马匹或母骡的背上。就是在这样的背景下，1568年，生活一派祥和的孔代亲王遭遇突袭。他用轿子载着怀孕的妻子，用摇篮装着三个婴孩，同带着很多孩童与乳母的科利尼上将、安德鲁上将家族一道，从位于欧塞尔附近的努瓦耶城堡中逃出来，一直逃到拉罗歇尔，躲过骑兵部队的分队，涉过卢瓦尔河的浅滩……

女人们从男装中借鉴了紧身上衣和马裤，将之穿在罗布里面。这样即使半裙很宽大，有了这种马裤，女人们也能更方便地跨坐在马鞍上了。尽管如此种种，贝尔丢嘎丹依旧在穿，而且尺寸与日俱增。后来，一位讽刺诗人在他的《时尚论》中这么写道：

> 如果女人的撑裙不足十肘宽，
> 那就是她没有好好把自己装扮。

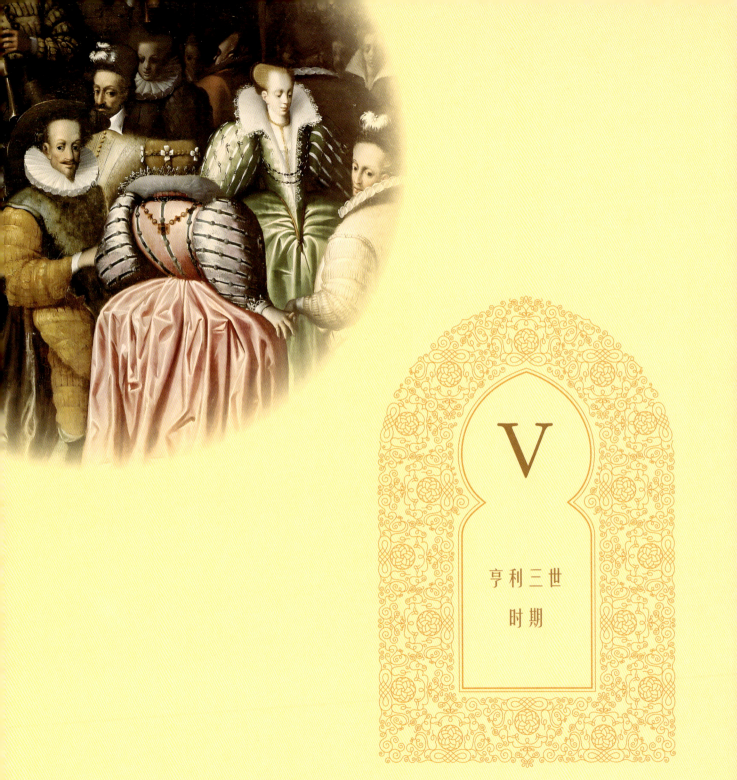

V

亨利三世
时 期

◎ "女人国王"的宫廷

◎ 大绉领和科尔萨基

◎ 穿得像座钟的女人们

◎ 紧身胸衣的可怕危害

◎ 玛戈王后和她年轻的金发侍从们

"女人国王"的宫廷

现在轮到亨利三世当政了，但法国人民的境况并未有任何改观，甚至日子更加灰暗，国家局势更加混乱。然而，尽管存在神圣联盟，尽管内战加剧，尽管外省战火不断、血流遍野，尽管亨利三世的处境如一地鸡毛，尽管多方拉扯，这位法国国王依然将时尚的权杖牢牢握于手中。

继阴沉的、对奢华服饰不屑一顾的查理九世之后，现在终有一位相貌英俊、头发卷曲、戴着绉领、喷着麝香香水、涂脂抹粉的国王登上了王位。登基后，他即着手重修查理九世的反奢侈法令，宫廷复归时尚，纸醉金迷、骄奢淫逸的风气卷土重来。一些抨击文章称亨利三世为"赫马佛洛狄忒斯[1]岛的国王""女人国王""欧比涅[2]的男王后"：

> 他的脸蛋上涂抹着白色和红色，
> 他那涂满了脂粉的面庞让我们觉得
> 坐在国王位子上的是一个花枝招展的年轻女人。

亨利三世

亨利三世（Henri III，1551—1589），查理九世去世后继位，是瓦卢瓦王朝最后一位国王。

---

① 赫马佛洛狄忒斯，希腊神话中赫尔墨斯和阿佛罗狄忒的儿子，同时具有男性和女性的身体特征，也是"雌雄同体"一词的来源。

② 欧比涅，法国城市。

王宫里的一切都混乱不堪、毫无节制。"奢华和放纵使得最贞洁的卢克莱修[1]变成了女浮士德[2]"，《星星报》的专栏里是这样写的。

时尚领域也由此发生重大变化，两性特征混杂起来，它们之间的天然分界线模糊不清了。有着独特品味的国王尽其所能地将自己女性化装扮，在女性服饰里寻找如帽子、扇子一类男性也可以拿来使用的东西。

亨利三世和他的王后

---

① 卢克莱修（Lucretius，前99—前55），罗马共和国末期的诗人、哲学家，著有《物性论》。

② 浮士德，在欧洲的民间传说中，他与魔鬼梅菲斯特达成交易，将灵魂卖给后者，换得后者供其驱使。

国王和他的嬖幸们就像王宫里的夫人们一样，戴珍珠项链、耳环，穿装饰着威尼斯蕾丝和大绉领的衣服。他们就像夫人们一样用可笑的方式抹发蜡，甚至还敷面膜、戴涂了油膏的手套以保持皮肤细嫩。在那个男人手持短刀的危险年代，这种阴柔的时尚显然格格不入。

　　夫人们穿紧身胸衣彰显苗条的身材，而国王的嬖幸们则穿巴斯克式普尔波万。因下部有长长的尖角，这种服装很快演变成滑稽的鼓肚子短上衣，穿它的人会显出一个尖尖鼓起的大肚子，就像假面喜剧中驼背鸡胸的丑角。唯可庆幸的是，他们不戴装饰着羽毛和宝石的女式无边帽……

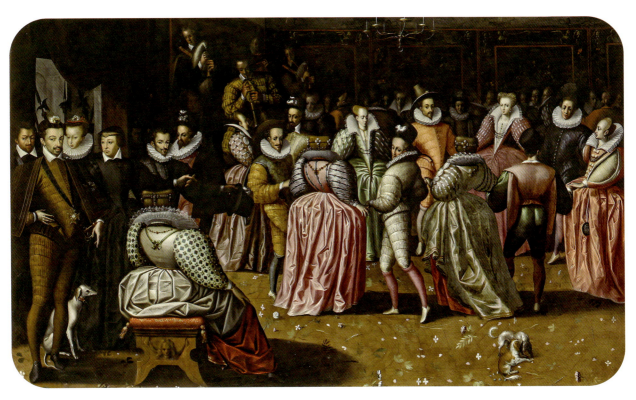

亨利三世时期的宫廷舞会

女人们没有从男装中采纳任何元素，她们在另一个方面大显身手：一边探索奢华的布料、更多的配饰和珠宝，一边大幅加宽所有衣物的尺寸、大量增加服装上的装饰图案。女性时尚的引领者是国王的妹妹玛格丽特·德·瓦卢瓦，也就是后来亨利四世的妻子玛戈王后。对于时尚品味令人惊讶的亨利三世来说，玛格丽特·德·瓦卢瓦是可以在女性时尚领域与其分庭抗礼之辈。这位在手臂上拴着狗绳或手中拿着比尔包开①散步的玛戈王后，在她引领的女性时尚领域里，绝无男性时尚里那些滑稽之物。

大绉领和科尔萨基

喷着麝香香水、涂脂抹粉的亨利三世，与他的王后都戴着上了浆的椭圆形绉领。绉领大得惊人，就像由黄铜丝撑起来的巨型喇叭口号角；装饰着漂亮的花边或威尼斯花边，底部与科尔萨基相接，露出双肩，颈后的高度到帽子下方。镶嵌在这种尖尖的花边里的是涂了胭脂的脸蛋，就像一朵鲜花或者一颗果实，或者更确切地说，是一张被层层脂粉修饰过猛的人偶头脸，上面还闪着珠宝的光泽。

---

① 比尔包开（bilboquet），一种棒接球玩具，玩法是把长细绳系在一根小棒上的小球向上抛出，然后用小棒的尖端或棒顶的盘子接住。

公主和贵妇们的身体束缚在科尔萨基里，她们的发型在宝石、黄金、珍珠、钻石做的链子与耳环的衬托下闪闪发光。她们将头发梳低，在额头处梳成一个尖，然后从鬓角两边翻卷上去，头上再扣一顶饰有宝石和小珍珠的小帽将面部勾勒成心形。

　　在科尔萨基和裙子上面，一条条串起来的珍珠连成方格或菱形。挂有吊坠的腰带特别长，装饰着珠宝且末端垂着一面镶嵌精巧的小镜子。夫人们时时将它握在手中，检查自己颇费力气才穿上的锦衣华服是否妥帖，巨大的绉领是否端正，确保自己时刻保持着非凡、华美的优雅姿态。纵然这些行头让她们在聚会时、在王宫庆典拥挤的人流中万般不适。仅从卢浮宫里一幅昔日的画作中便可见一斑。这幅画作展现的是茹瓦约斯公爵和王后的妹妹结婚时宫廷舞会的景象。那是一场著名的婚礼，豪华的排场令人咋舌，宴席、比武和假面舞会举办了二十五天或三十天。其间，整个宫廷从王子公主到领主贵妇们，在一场接一场的庆典仪式中变换一套又一套崭新的礼服，竞相展示财力，极尽奢华之能事。

这幅画作被认为是克卢埃的作品，在这幅画作里，参加茹瓦约斯公爵婚礼的领主和贵妇人们的着装一个比一个滑稽。他们穿着极紧的、下部呈尖形的科尔萨基，或者是腹部尖尖隆起的普尔波万，一个个看起来就像昆虫一样——瘦瘦的黄蜂或胖胖的熊峰。

除了数不清的科尔萨基外，还有塞满填充物的巨大袖子，其宽度都快赶上身体了。这种袖子一般从外套肩部打开，露出内里衬裙的袖子并在肘部固定。其开口处用珍珠或金属丝镶边，袖口的精致花边又与绉领互相呼应。

泡泡袖

茹瓦约斯公爵的婚礼舞会

阿内·德·茹瓦约斯（Anne de Joyeuse，1560—1587）是亨利三世的男宠，1581年由亨利三世安排与王后的妹妹在卢浮宫举行婚礼，后获封公爵。图中心的人物即为两位新人，左侧坐着的是亨利三世、凯瑟琳·德·美第奇王太后和路易丝王后。

穿得像座钟的女人们

至于贝尔丢嘎丹，它们的尺寸变大了很多，现在其外观已不再是钟形，倒更像是一只倒扣的大汤碗。女人们在它的外面叠穿两件罗布，最外面那一件用华丽的锦缎或有着无数刺绣的织物做成，正中开衩，好让人们看见里面那件颜色不同却同样有着繁复装饰的罗布。

亨利三世时期的女士外套

这样的贝尔丢嘎丹又将再次立功。亨利三世当政时期是法国社会动荡的高峰期，当神圣联盟、王室军队和胡格诺派从王国的一端争斗到另一端，各种冲突、决斗、绞杀不断时，蒙莫朗西的长子当维尔[1]作为第四方势力，举起长枪：他与米迪地区[2]的胡格诺派结盟了。很快地，当维尔就感受到宽大贝尔丢嘎丹的好处了。他在贝济耶被包围了，在即将被捕的关头，他的一个亲戚——弗朗索瓦·德·特雷桑的妻子路易丝·德·蒙塔尼亚把他拉上华丽的四轮马车，将他藏在巨大的、铺开的贝尔丢嘎丹之下，帮助他逃出生天。

这是贝尔丢嘎丹第二次开展营救行动。当然，如果历史愿意记载的话，那么它可能还会有更多值得称道的贡献。而据我们所知，克里诺林裙就不曾拥有如此丰功伟绩。虽然克里诺

---

[1] 当维尔（Damville），因为阿内·蒙莫朗西的次子亨利与三子查尔斯先后拥有当维尔男爵的头衔，特别是查尔斯，更被路易十三封为当维尔公爵。故作者称当维尔是蒙莫朗西的长子是错误的，据下文推测，文中的当维尔可能是指亨利·蒙莫朗西，他任朗格多克总督期间曾与胡格诺派结盟，但很快又加入国王的党派，从而引发了城市起义。

[2] 米迪地区，法国的文化区，包括南部的阿基坦、朗格多克和普罗旺斯地区。

林裙尺寸也很宽大，但从未在富于戏剧性的逃跑行动中扮演特殊角色，它们仅仅被用于遮掩挂在裙下环上的一些并不违法的小物件。

紧身胸衣的可怕危害

紧身胸衣也不再是最初那种对身体的危害性微乎其微的巴斯克式上衣了，而是演变成一种"束胸"，打着丰胸的旗号让这个时代追求美的夫人们苦不堪言。这是一种真正的刑具，好似一具坚硬牢固的模具。正如蒙田[①]和安布鲁瓦兹·帕雷[②]所说，即使"木片插进皮肤，暴力地修饰出腰身，让肋骨一条压着一条"，身体还是要忍痛挤在里面，显然后者对此更为了解。

亨利三世时期的裙装

尽管饱受抨击，医生们也一致要求将它废除，但是束胸就像贝尔丢嘎丹一样继续广为流传，甚至比后者流传得更久。它将走过几个世纪，贯穿其间所有时尚，战胜所有人与事，无视任何事实证据。更有甚者，亨利三世那些荒唐的嬖幸们还曾让它一度为男人所用！

当时著名的美女们，如德索沃夫人和玛戈皇后，无不穿着华丽的礼服、戴着金银首饰和

---

① 蒙田（Montaigne，1533—1592），法国文艺复兴时期著名的思想家、作家。他的散文开创了一种新的文学形式。

② 安布鲁瓦兹·帕雷（Ambroise Paré，1510—1590），欧洲文艺复兴时期最著名的外科医生之一，曾服务于四位法国君主。他也是一位解剖学家并发明了多种医疗器械，被一些医学史家视为"现代外科之父"。

宝石，绷得紧紧的科尔萨基闪闪发亮，点缀着花叶装饰，她们看起来就像身着大马士革护胸甲的女神。这些美人脖间的尖头绉领仿佛在说："别靠近我！"但事实上，她们远没有那么难以接近。

　　在那个黑暗的时代，对奢侈品的狂热追求占据了所有女人的生活。不论是小贵族夫人，还是乡村妇女、资产阶级女性，人人试图追求豪华之物，这惹得她们的丈夫极为不快，也让本就被不幸年代损伤的家产雪上加霜。

亨利三世时期的大绉领

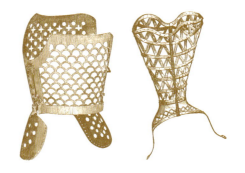

凯瑟琳·德·美第奇时期的钢制紧身衣

德索沃夫人

德索沃夫人（Madame de Sauve，1551—1617），凯瑟琳·德·美第奇王后的侍女，法国国王亨利四世曾经的情妇之一。

玛戈王后和她年轻的金发侍从们

离婚后的玛戈王后

灿烂辉煌的十六世纪是文艺复兴的百年。这个百年因众多才华横溢的艺术家、学者、醒目的骑士和美丽高雅的夫人而熠熠生辉，然而这个百年却有个糟糕的结局。在社会的动荡和腐坏中，弥漫的并不全是麝香味琥珀的香气，还有不能掩盖的一股血腥之气。这血腥气笼罩着十六世纪末期、亨利三世时代，萦绕着有毒的王后、嬖幸和雅士们。

玛格丽特·德·瓦卢瓦亲历了这个时代，直到1615年，也就是她的丈夫亨利四世去世五年后，她也与世长辞。她就像散发着危险香味的花朵，在年华老去时，尽管岁月不饶人，发胖损伤了原来的女神形象，但依旧精心打扮、喷洒麝香香水、穿着华贵衣裙，试图留住曾经美好时代的盛大优雅。她有一众年轻的侍从，她将他们从朗格多克城堡带到保存至今的桑斯公馆①。在她过去的美好年华里，这些侍从就引起过流言蜚语。年华不再的她仍旧经常挑选一些仪表不凡的男子，或几个年轻讨喜的侍从，托词为他们理发，却用他们浓密的头发制作金色假发。

这位王后在生命最后的日子里，性格变得孤僻。一位青年贵族为了独占玛戈王后的宠爱，被嫉妒冲昏了头脑，在桑斯公馆中用匕首刺死了这位王后最宠爱的一个年轻侍从。玛

玛戈王后画像

戈王后像一头被激怒的母狮，为了给自己最新的爱人报仇，声称要在自己的家里伸张正义。最终她判罪犯死刑，于是这个年轻的贵族在她那嗜血的眼皮底下，在十字路口集结的民众面前，在桑斯公馆的门口，被毫不留情地砍下了头颅。

---

① 桑斯公馆，位于巴黎第四区，其前身是桑斯大主教在巴黎的宅邸。1599年，玛戈王后与亨利四世的婚姻被教会宣布无效，其后的1605—1606年，她在此居住，桑斯公馆已成巴黎现存最古老的公馆式宅邸之一。

VI

亨利四世和
路易十三时期

◎　回归相对的简朴

◎　钟形的女人们

◎　高跟鞋、手套和纹样布料

◎　帽子和发型

回归相对的简朴

　　有些王朝寿命绵长，有些王朝却未能够寿终正寝。十六世纪可能是一个尤为强壮有力的百年，它的思想、习俗、行为方式和时尚一直贯穿到贝亚恩人[①]统治时代的末期。之后，路易十四执政的十七世纪也是影响深远，其影响一直延伸到十八世纪，而十八世纪虽然充满魅力，但这个时代却于1789年[②]可怜地骤然死亡。

　　在数年的高热病之后，十六世纪在亨利国王的宽厚统治下休养生息了几十年。被疾病折磨而状态低迷的法国得以重生，其血管之中的毒素被清除，一切都得以修复、清洗和净化。继亨利三世统治时滑稽病态的过度矫饰之后，服装复又表现出朴实无华的特点。如果说服装也可以用"率性"来形容的话，那么这一时期的服装呈现的便是简洁率性的良好风貌。虽说差不多还是原来那些服装，但它们的线条被简化，摆脱了之前的繁杂以及对细节的过分讲究。时尚中优雅的成分减

亨利三世时期的假面舞会

---

①　贝亚恩在公元9世纪时为子爵领，在1347年成为公国。其后，贝亚恩王子与富瓦家族结盟并继承了纳瓦拉的王冠。1589年，贝亚恩王子亨利成为法国与纳瓦拉国王，即亨利四世。
②　指1789年发生的法国大革命。

少了，无论女装还是男装皆是如此。滑稽之处也还是有的，但都是朴素自然的滑稽。人们跳出过分虚伪、过于讲究以至于变味儿的优雅圈子，向着简朴的方向走去，结果又陷入一种沉重笨拙的尴尬。但很快，在这种虽不优雅却健康的沉重之风中，诞生了路易十三时期颇具骑士风度的服装。

身着骑士装的路易十三

彼得·保罗·鲁本斯（Peter Paul Rubens）
于1623年绘制的路易十三肖像画。

路易十三的王后：奥地利的安妮

当然，"简朴"这个词是不能从字面上来看的，我们斗胆说，这仅仅是极其相对意义上的简朴。在盛大的节日里，夫人们仍然佩戴着和从前同样多的首饰和宝石争奇斗艳。取代被离婚的玛格丽特·德·瓦卢瓦的是又一位美第奇王后，这是与美第奇家族的第二次联姻了，但看起来这次联姻对贝亚恩人来说并不成功——凯瑟琳·美第奇给他的印象太深刻了。

伴在国王身侧的玛丽·德·美第奇王后、加布里埃·德斯特雷、韦纳伊公爵夫人和其他漂亮的夫人们出现在"庆祝活动、化装舞会和其他各种聚会上，她们盛装打扮，因为佩戴了

加布里埃·德斯特雷

加布里埃·德斯特雷（Gabrielle d'Estrées，1573—1599），亨利四世的情妇，曾促成"南特敕令"颁发，使法国结束了长达数十年的宗教纷争。她在与亨利四世的婚礼前夕意外死亡，亨利四世悲痛万分，史无前例地穿黑衣前来哀悼并以王后的规格为其举行葬礼。

韦纳伊公爵夫人

即凯瑟琳·亨利埃特·德·巴尔扎克·德昂特赖格（Catherine Henriette de Balzac d'Entragues，1579—1633），亨利四世的情妇。她被亨利四世封为韦纳伊女侯爵，她与亨利四世的儿子被封为韦纳伊公爵，故作者称她为公爵夫人其实并不准确。

玛丽·德·美第奇是亨利四世的第二任妻子、路易十三的母亲

过多的宝石而行动困难"。王后在盛大场合露面时，穿着"由三万两千颗珍珠和三千颗钻石装饰的"裙子。在她的带领下，贵妇人们和资产阶级夫人们心甘情愿地慷慨解囊，购买远超她们收入水平的漂亮衣裙，这些镶金嵌宝的织锦、绸缎和花布制成的衣裙，闪闪发光。这是一种怪异的简朴，然而当我们研究过去的油画和铜版画的时候，这些资料显示出亨利三世时期的极致精致和亨利四世时期略显粗笨的优雅，两者有着巨大差异。

亨利四世时期的帽子更高了，人们头上堆满了从理发师那里买来的流行色假发。后来在路易十四和路易十五时期流行的假发，此时就已出现，但是仅限于夫人们的头上——褐色和金色的假发，若囊中羞涩就只买简单的亚麻色假发。随假发一起出现的是假发上用的粉末，各种各样的粉末同油膏混合，有精细的紫罗兰和鸢尾花香味的发粉、腐烂的橡木粉，也有纯朴的乡下女孩使用的普通面粉。

这个时期还出现了妇女贴在脸上的假痣，假痣在之后的十八世纪还会再次出现。不过此时的假痣像膏药一般大，看起来不如以后出现的美人痣那么迷人。另外，平民女性和小资产阶级女性仍用着旧时的头饰，梳着朴实无华的发型；而上层女性则开始用珍珠和宝石装饰头发，外出时戴着饰有一束羽毛的帽子或头巾。

历经数年的黑暗之后，生活在这个幸福、呼吸自由的时代的一位优雅女性，却将身体紧紧地束缚在坚硬僵直、衬着鲸骨的科尔萨基之中。整个束腰下部为一个整体的尖形，没有隆起，尖角直接覆在裙上。

十八世纪的贵妇面颊假痣图

亨利四世时期的大绉领

可以说，对于这种地狱式的酷刑，人们通过袒胸露肩找补了回来——衣领的开口自由大胆，甚至到了过于放纵的地步，连教皇都觉得他必须对此进行干预。他威胁那些美人们，如果衣领仍旧敞开得放肆夸张，她们就会被逐出教会。被逐出教会这种只有死后才会接受的处罚，当然没有多少威慑力。

大绉领和用黄铜丝支撑的、装饰着漂亮花边的高领，继续勾勒着女士们胸部丰满的曲线。精致的蕾丝与肌肤是那么相得益彰，它将双肩的线条完美地凸显出来；而双肩又展示了威尼斯和佛兰德蕾丝——

用针和金银线缝出来的艺术品——的精妙之处！

巨大的袖子缝在科尔萨基上，它们就像张开的翅膀，从肩膀处开口，饰有紧密排列的扣子却并不扣住，而是露出内衬的袖子；同时，袖子里面填充着衬垫显得肩部高高耸起；袖口处有蕾丝花边，称为翻边。

钟形的女人们

　　裙子不像从前那般膨胀了，贝尔丢嘎丹变得低调，看起来更像一口简单的吊钟，直直地垂下，或者说更像瑞士营里五颜六色的低音鼓。裙子胯部隆起，就像圆屋顶似的，一排与裙子同样布料做的椭圆形装饰将这个部位衬托得更加突出。女人们身着这样的服装，想要优雅轻盈地走路可太难了。然而，那个时期推崇的优雅就是像鸭子一样左摇右摆地走路，这样才能显示出有韵律的摇曳之美。

　　当一位优雅的夫人动作优美地撩起罗布时，她的罗布下面应当还能让人看到三条颜色不同但都带有装饰的衬裙。在可供夫人们选择的大量流行面料和颜色清单中，我们看到了一系列名称，这与后来十八世纪变化多端的名字一样有趣。这些表示颜色的名词有：伤心朋友色、鹿肚色、破颊色、雄鼠色、濒死花色、垂死猴色、喜悦寡妇色、似水年华色、亡者归来色、病态西班牙色、罪人色、火腿色、烟囱刮刀色，等等。

　　玛丽·德·美第奇摄政时期，称得上是十六世纪和十七世纪时尚的过渡期。真正的路易十三时期服装风格，直到1630年前后才完全摆脱文艺复兴时期时尚的残余。当时黎塞留颁布改革法令，禁止使用织金锦和金线刺绣、针织花边等，他强制优雅的人们使用更简单的面料和织物，引导制衣匠和裁缝探索新样式。

吊钟似的裙子

在该统治期的第一阶段，时尚慢慢地脱离笨重的风格，贝尔丢嘎丹渐渐变小，胯部那种非常难看的椭圆形装饰也消失了，代替它的是罩裙的大褶翻边。贝尔丢嘎丹在法国失宠了，但它越过国界，又在西班牙风靡一时。在那里，它仍旧硕大无比，使得政府只好像当年的法国一样，通过法令限制它的尺寸。除罚款外，被禁的物品还会被没收并示众。严格执行的法令引发了激烈的反抗，甚至出现了流血骚乱。

身着吊钟状裙子的贵妇

贝尔丢嘎丹在比利牛斯山的另一边生命如此绵长，以至于当路易十四派出的向玛丽-特蕾莎求婚的宫廷使者来到西班牙王宫觐见时惊讶地发现，西班牙王宫里的夫人们都还穿着贝尔丢嘎丹。在法国，追求矫饰、富丽、奢华使得滥用多样化的装饰物、珠宝重新占领了时尚领域。所有的夫人，甚至包括最简朴的资产阶级女性都会佩戴极多且昂贵的闪亮首饰。

　　"怎样炼成一位服装得体的优雅女士？"

　　一位讽刺诗人这样告诉我们：

> 需要项圈、链子和脚链，
>
> 需要钻石、饰物和竖起的领子
>
> 需要更多装饰的穆勒鞋……
>
> 需要五六层
>
> 乡村少女式的大翻领
>
> 五法尺半高的花边衣领
>
> 一层一层支起来……

　　如果说贝尔丢嘎丹的尺寸变小了，那么绉领则是变得更高、更大了。鲁本斯[1]和之后的安东尼·范戴克[2]的大幅肖像画为我们展示了上一个时期的翻领：开口很大，在脑袋后面形成一个半圆。

玛丽-特蕾莎

玛丽-特蕾莎（Marie-Thérèse，1638—1683），西班牙公主，法国国王路易十四的第一任妻子，法国王后。

---

① 鲁本斯（Rubens，1577—1640），巴洛克画派早期代表人物。

② 安东尼·范戴克（Anthonyvan Dyck，1599—1641），英国国王查理一世的首席宫廷画家。

卡洛特和亚伯拉罕·博塞[1]的铜版画则为我们提供了黎塞留法令颁布前后的巴黎时尚信息。

　　1630年以前，卡洛特用他卓绝出色的雕刻针描绘了很多风度翩翩、生动别致的骑士形象，他们穿着丝绸或水牛皮做的普尔波万；很多穿长筒靴、佩戴大长剑的军官形象；还有十七世纪的领主形象，他们仪表堂堂、无拘无束，充满魅力；也刻画了一些女性形象，虽然是同一时期的作品，但服装仍然保留着些许上世纪的风格。

美第奇式绉领

---

①　雅各·卡洛特（Jacques Callot，1592—1635），法国画家。亚伯拉罕·博塞（Abraham Bosse，1604—1676），法国画家，以创作蚀刻版画和水彩画为主。

路易十三时期的紧身胸衣

高跟鞋、手套和纹样布料

　　这些夫人们仍然身着硬挺的紧身罗布；袖子隆起，带有或大或小的细缝，颜色鲜亮；裙身撩起，下面是尺寸变小了的贝尔丢嘎丹；脚穿系带鞋，脚踝处有系带，这是一种新时尚。随处可见资产阶级的女人们脚穿高跟鞋，鞋子的两侧有着大大的开口，只为让人们看到她们的长筒袜，鞋子上装扮着一条美丽的绸带，打着"爱情结"……

路易十三脚穿长筒靴

　　这段话充分描写了路易十三时期风格多样的鞋子。在克鲁尼博物馆①里，鞋的藏品很多，有的是用浅黄褐色的皮革做的，开口非常大，上面装饰着黑色的饰物，还有一些样式较为简单，上面的饰带打着结，这种结叫作"爱情结"，开口处可见时下流行的肉红色丝质长筒袜。人们在出门的时候，还会再垫上深红色天鹅绒高跟。

---

① 克鲁尼博物馆，即如今位于巴黎的国立中世纪博物馆。博物馆建筑始建于1334年，馆藏众多中世纪藏品。

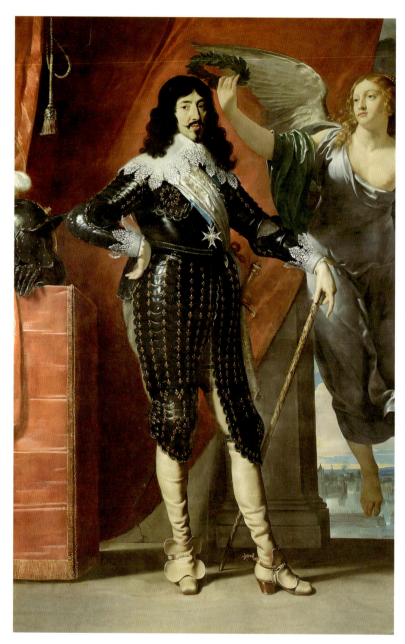

十七世纪的男鞋

十七、十八世纪的女鞋

十七世纪装饰自然元素的服饰

优雅女子的手套也毫不逊色，手背部位饰有花样，手腕部位绲着阿拉伯风格图案的镶边。

在这个时代，所有的罗布和面料上都有大面积的鲜花图案。这种时尚的灵感之源是前身为国王花园的植物园：亨利四世时期，一位园艺家在花园里栽培了各种法国本土及域外植物，这些植物为织物纹样或刺绣设计者提供了图案、式样参考。

帽子和发型

当然，此时还有多种多样的发型。在很长一段时间内，由于有大大的绉领，人们只能把头发梳得很高并打理成波浪或卷曲状，戴一顶波奈特帽，仅用珠宝装饰。

之后，绉领的高度突然降低，演变成前部分开、边缘带着锯齿边蕾丝，在紧身短上衣胸前方形凹口上翻折的低领，也叫作拉巴领。

领子高度降低，发型的高度也随之降低。头发向后梳成一个小发髻，称为库莱布特"*culebutte*"（小方山之意）；脸部垂落着漂亮的微卷发。这种潮流如果稍加夸张，女人们微微卷起的头发和前额的小束发缕就会使她们的脑袋看起来圆圆的，像一个小球。

锯齿边蕾丝绉领

后来，黎塞留的法令颁布了，这些法令旨在阻止法国黄金流出本国。他认为黄金流出有损法国经济，而购买米兰的丝绸边饰、蕾丝和刺绣只会充实外国手工业者的腰包，所以法令禁止使用金银装饰的穗子和流苏，只允许使用简朴布料做的饰带。时尚之路面临突变。

于是在黎塞留颁布法令进行服饰改革之后的1634年，亚伯拉罕·博塞画上的一位夫人这样说：

装饰着宝石的裙子流光溢彩，
快快把它们束之高阁。
夫人们被当成冤大头，
她们的衣服不会被雪藏。

十七世纪的贵妇

这真是翻天覆地的变化，不再有过多的饰物，不再有花枝图案的面料，不再有精美的威尼斯或布鲁塞尔蕾丝。亚伯拉罕·博塞笔下遵守法令的夫人们穿的是带有直褶的朴实裙子，毫无华丽可言；上身巴斯克式的科尔萨基腰身很高，用一条简单的带子束起来；宽大的袖子敞开，露出里面的衬袖；衬袖式样特别简单，不带任何刺绣或装饰物。

施舍乞丐的资产阶级贵妇

十七世纪的宽松服饰

大围脖、高高支起的翻领或绉领被大大的、高度到下巴的拉巴领代替。十六世纪的时尚已经完全过气，从这时期的服装上再找不到一丁点儿痕迹。高高支起的衣领没有了，取而代之的是大翻领。很快，华丽的蕾丝就被重新用于这种领尖搭在双肩和双臂上的大翻领和拉巴领上；同时，袖口从手腕向上翻至肘部，装饰着相同的锯齿形蕾丝。

但这种朴实无华甚至有点儿刻板严肃的服装，仅仅是小资产阶级女性和家庭妇女在穿。对她们来说，限奢侈法令并不会带来烦恼或痛苦。打个比方，此时的时装就像如今圣文森特德保罗会①修女的穿着，颜色也与之相近。

但很快，美丽的夫人们便对这些在黎塞留法令之下应运而生的时装进行了改动，将之改造成时装史上最优雅美丽的一身行头，一种真正高贵非凡的服装。

路易十三时期的科尔萨基

---

① 圣文森特德保罗会是成立于1833年巴黎的天主教志愿组织，致力于为穷人提供帮助。

袖口装饰锯齿边蕾丝的礼服

这一时期，男装不再是卡洛特早期作品中那种自由的骑士风格，而是变得沉重呆板起来。从双臂以下部分开始收紧裹住身体，重心下沉直垂到小腿肚。女装外罩裙自上而下敞开，露出有饰带的浅色缎子的科尔萨基前面部分，下端是线条较圆润的尖头，搭在金色丝绸或缎子的衬裙上。这样的外罩裙很长，开口大并且侧面或后面做出褶子，鼓起来的袖子从高到低裁剪成一条条细细的带子，在肘弯处由一条带子束起来；或者仅做出开口，露出里面华丽的衬袖，在开口处绑带子或打结进行装饰。

男装究斯特科尔

男装究斯特科尔（justaucorp）是十七世纪八十年代开始流行的紧身长款男装，特点是收腰、下摆外扩、低口袋，整体造型重心下移。

十八世纪的女帽

波奈特帽

波奈特帽（Bonnet）于中世纪时开始
出现，十八世纪时帽型包裹头发、围
绕脸部，下端有系带可在下巴处固定。

女人们穿着系丝带、带玫瑰花图案的束胸，腰缠玫瑰纹腰带，胸衣上缀着珍珠链，脖戴宝石项圈，肩露钻石饰带。这就是1635年的时髦夫人形象。她穿过皇家广场，来到流连于连拱廊之下、翘着小胡子的年轻男子们中间，展示她的华贵服饰。

这些时尚很快就会成为参与"投石党运动"的女英雄联合起来反对马萨林及公爵夫人们的服装，并逐渐演变成路易十四的宫廷中令人炫目的节日盛装。

十八世纪的贵妇

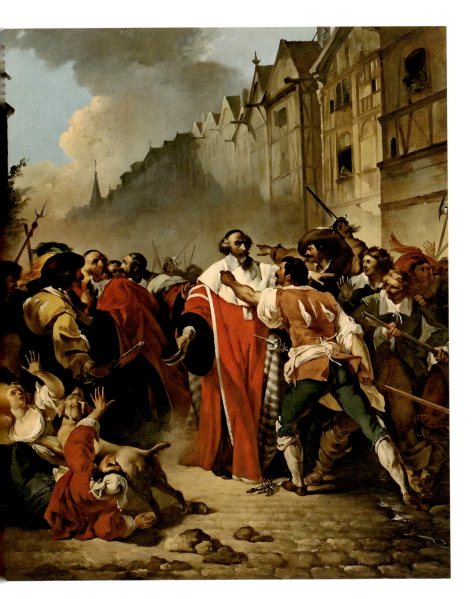

马萨林

马萨林（Mazarin，1602—1661），法国红衣主教，由黎塞留推荐给路易十三，并在路易十四时期任枢密院首席大臣。其继承了黎塞留抑制贵族、加强中央集权的政策，因对巴黎主要居民征收新税加剧了不满情绪，故激起了投石党运动。

投石党运动

投石党运动（Fronde，1648—1653）是法国历史上民众发动的一场反对专制王权的政治运动。"Fronde"一词在法文中具投石之意，以此词为运动之名源自红衣主教马扎然（Cardinal Mazarin）的支持者被巴黎暴民以石块破坏窗户之举。路易十四在这场运动中，不得不两次逃离巴黎。

VII

太阳王

统治时期

◎ 投石党运动中的女英雄们

◎ 公爵夫人们和女公爵

◎ 蕾丝的胜利

◎ 芳坦鸠式发髻

◎ 斯滕凯尔克式打扮

◎ 曼特农夫人在时尚领域的影响

投石党运动中的女英雄们

这是由一位伟大国王统治的时代。

这一时期，建筑彰显出富丽堂皇的豪华和崇高雄伟的庄严；假发盛大而隆重；时尚的奢华之风，所向披靡，不仅优雅，而且傲慢！

伟大的世纪！

强盛到膨胀、富丽到奢靡的世纪！

公馆、宫殿、领主宅邸、高贵家具、华丽服装以及高雅配饰，无不同样彰显着宏伟壮丽的隆重之风。这段伟大统治的启幕略有微澜，因为投石党运动。对于美丽的夫人们来说，这无疑是往优雅之中添加政治元素的好时机，所以她们从老祖母们对神圣联盟时代的怀旧里得到了一点小启发。黎塞留终于走了，仿若勒着马缰绳的强硬大手突然松开，人们可以尽情欢愉了，投石党运动中的女英雄们效仿公爵们欢呼雀跃起来。此时，伟大的国王尚且年幼，这样的开端是多么浪漫动人啊！

1668年的凡尔赛宫及花园景色

公爵夫人们和女公爵

公爵夫人和女公爵们：谢夫勒斯夫人、蒙巴宗夫人、布永公爵夫人、朗格维尔夫人和大郡主蒙庞西耶女公爵，她们用藤条、用投石炮与国王的军队作战，她们眼神妩媚、步履轻盈、腰肢曼妙，她们没有戴士兵的头盔、穿士兵的军服却自豪地展示着自己的半军装。

谢夫勒斯夫人

玛丽·艾梅·德·罗昂（Marie Aimée de Rohan，1600—1679），她初嫁鲁昂公爵夏尔·达贝尔，由此进入路易十三的宫廷，受到国王与王后的欢迎。1622年，她守寡后再嫁谢夫勒斯公爵，却因牵涉王后流产而在宫中失势，后多次努力重返宫廷。

布永公爵夫人

即玛丽·安妮·曼奇尼（Marie Anne Mancini，1649—1714），法国红衣主教马萨林的侄女，嫁给布永公爵后积极赞助文学创作，是拉封丹的赞助人，后因牵扯进给国王投毒事件被流放，虽然最后因证据不足而被允许重返巴黎，却再未受到国王青睐。

朗格维尔夫人

即安妮-热那维耶沃·德·波旁-孔代（Anne-Geneviève de Bourbon-Condé，1619—1676），孔代亲王亨利二世的女儿。父母因反对玛丽·德·美第奇而入狱，故她出生在万塞纳监狱。1642年与朗格维尔公爵结婚。黎塞留死后，其父成为路易十四的摄政会议主席，她也开始涉足政治，成为投石党运动的核心人物。

蒙庞西耶女公爵

蒙庞西耶的头衔来自她的母亲。第一次投石党运动期间，奥尔良成为王军与反马萨林的孔代军队争夺的焦点。奥尔良议会向奥尔良公爵求助，安妮代父前去却被关在城门之外。因为奥尔良议会认为安妮无法继承奥尔良公爵爵位，且其与黎塞留不和，可能会引来王军攻击。安妮却在渔民的支持下，由码头翻越城墙，最终成功入城。奥尔良普通民众受此鼓舞，从城内劈开城门，迎接大郡主的护军。自此，安妮被奥尔良人称为"奥尔良之女"。

在彼时充满动荡和暴乱的岁月里，巴黎陷入内战，外省处处是武装骑兵。在反国王、或拥护或反孔代亲王的起义军队伍里，没有她们的身影吗？在永远热衷于骚乱闹事的巴黎人面前，在被激怒的、手持古老的戟或火枪的民众面前，她们没有站上巴黎市政厅高高的台阶发表演讲吗？在巴黎军队大肆宣扬德·吉斯先生时代遗风、穿过宽大门洞的骑兵部队和科林斯兵团的时候，她们没有检阅巴黎的投石党军队吗？她们声势浩大，险些要把投石党军队团团围住；当事态恶化的时候，她们在巴士底[①]勇敢地朝着国王的部队开炮。对于穿上骑士时装来说，这一切是多么漂亮的理由啊！

蒙庞西耶公爵夫人在投石党运动中指挥士兵作战

---

① 大郡主为救出孔代亲王，在第二次投石党运动中登上巴士底狱的塔楼，下令向国王军队开炮。

一切事物都与投石党运动有关，时尚如此，其他事物也是一样。时尚找到一些抱怨马萨林的由头，因为这个人恢复了限奢法令。对于利润丰厚的蕾丝、流苏等饰物，一项项限制奢侈的法令轮番对它们进行处罚、课税；而没完没了的法令才刚颁布就可能被抛掷脑后或遭到反抗，需要一直三令五申。

　　终于，路易长大了，他执掌了大权。但是国王依然年轻，伟大的时代仍旧沉浸在消遣享乐之中，爱荣耀，也爱欢愉。不过这都是帝国初期的风格，晚些时候，当时代和国王双双老去，他们既保留了对荣耀的尊崇，也因曾经的享乐而懊悔。

　　路易十四时尚界的最后一位"王后"①用严肃和一本正经惩罚了以浅薄无聊的发明虚度美好光阴的时代，她就是冷冰冰的曼特农夫人。

投石党运动中的某位公爵夫人

---

① 曼特农夫人，她仅是路易十四的妻子，并未加冕为王后。

在此之前，贯穿整个世纪的是魅力四射的尼农·德·朗克洛、拉瓦利埃女公爵、蒙特斯庞侯爵夫人、丰唐热公爵夫人，还有一大群昙花一现的王后或没有名分的国王的女人。路易十四曾说："朕即国家。"那么，蒙特斯庞侯爵夫人也可以说："我即时尚！"

尼农·德·朗克洛

尼农·德·朗克洛（Ninon de Lenclos，1620—1705），法国著名的交际花，出生于中产阶级家庭，她主持的沙龙吸引了大量的社会名流、哲学家、文学家。

丰唐热公爵夫人

丰唐热公爵夫人（Fontanges，1661—1681），又译作芳坦鸠，继蒙特斯潘侯爵夫人后成为路易十四的情妇，后世以她命名了一种发髻。

一大群极具天分的女人每天都会在饰物上发挥奇思妙想，只为找到漂亮的、让人眼前一亮的娇俏之物。她们发明出一些新花样，连喜欢莫里哀的文雅之士都会觉得这些小玩意儿漂亮可爱。

这一时期，男装中的流行元素是加农边和朗格拉夫。后者是走了样儿的齐膝短裤——形状就像裙裤，上面有饰带，裤脚处亦有多束饰带。对于女装来说，没有任何一个时代的服装款式和饰物比此时更丰富。男人们和女人们倾尽囊中所有，炫耀财富和攀比排场。

加农边

加农边（canons），用布、丝绸或蕾丝制成的装饰品，呈倒漏斗状，加在短裤的底部，像覆盖小腿的裙子。

朗格拉夫

朗格拉夫（rhingraves），十七世纪中叶出现的男式裙裤，属宽松型的半截裤，左右侧缝处常有缎带束装饰。

此时的时尚整体上没有什么大变化，但在细节和饰物方面的小改动却层出不穷。时髦元素轮转得十分迅速，且一个更比一个奢华、优雅。为此，人们找出很多别致生动的名字来称呼它们：温文尔雅的情郎、长筒袜上的抽丝、俏皮的小玩意儿、细小的绸布丝带结、小透明、荷叶边、普雷坦范儿、斯滕凯尔克式打扮、芳坦鸠式发型，等等。

太阳王统治时期的时尚

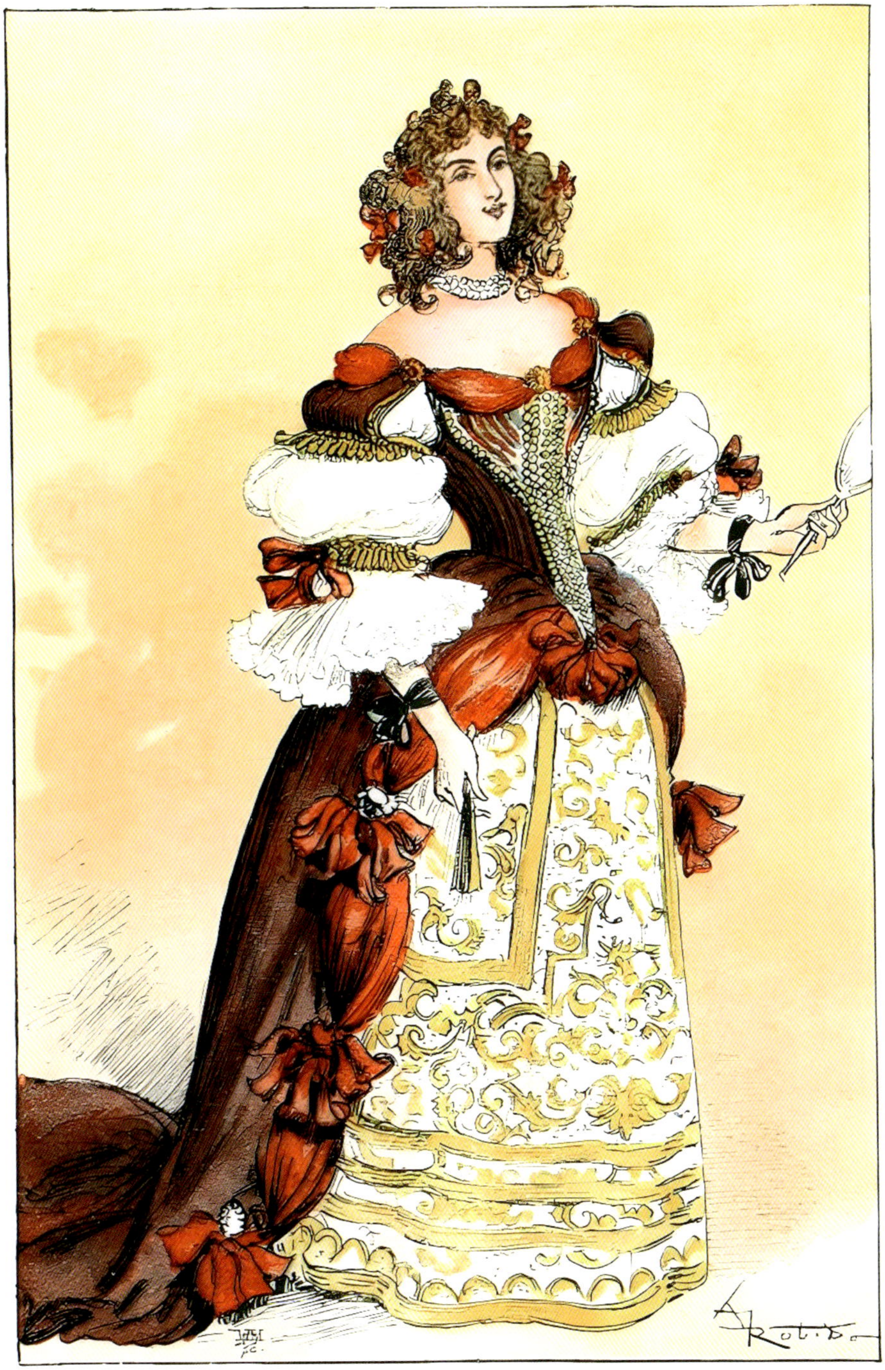

太阳王统治时期的宫廷贵妇

我们来看看吧，看看这个时代美人们的肖像画。时代初期的美女，是沙龙里的女性、朗布依埃堡[①]中的贵妇们、杜伊勒里宫[②]或凡尔赛宫里的美人们，还有太阳王举办的节日庆典中的名角儿们，在很长一段时间里，她们盛行将头发卷在额前，两侧散落一些大卷，或者梳着垂在脸颊两侧的发辫；这种发式是德·吕讷公爵的兄弟卡德内领主在路易十三时期发明的，长长的发辫用丝带结绑起来，别名"温文尔雅的情郎"。

和这些发型一起流行的是胸部和肩部极其袒露的罗布，肩部一览无余，胸口是大颗珍珠串起的项链。这是蕾丝拉巴领的最后时光，接着它们就日渐减少，直至彻底消失。底部尖尖的科尔萨基上绣着漂亮精致的图案，短短的袖子展露出内里衬袖的大面积上等亚麻布或袖口的蕾丝边。

最外层的裙子像窗帘一样升起，并用装饰着钻石的搭扣或丝带固定在侧面，露出里面极为漂亮、耀眼的罗布。

太阳王统治时期的时尚发型

---

① 朗布依埃堡，位于法国中北部，始建于1368年。1547年3月31日，弗朗索瓦一世在此逝世。
② 杜伊勒里宫，位于在卢浮宫西面，最初是为凯瑟琳·德·美第奇孀居而建。后世的亨利四世与路易十三都曾在此常住。

蕾丝的胜利

路易十四废止了马萨林的限奢法令，让颈部的饰带流行起来。曾遭禁止的蕾丝重回舞台，被禁用的奢侈布料也重见天日。仍不能染指的只有织金面料：国王将它们的使用权留给自己和王室。国王也会将这种彰示贵气、装饰繁复的昂贵布料作为礼物，赏赐给宠信之人，例如，他曾给自己最喜爱的侍臣颁发"兖斯特科尔特许状"。

在拉瓦利埃女公爵之后得宠的是蒙特斯庞侯爵夫人。塞维涅夫人说，在王宫的某个节日庆典中，蒙特斯庞侯爵夫人熠熠生辉，穿着一件"用一层又一层的金线织成的罗布，上面有一层又一层的金线刺绣，还镶有金边。这件罗布用料精妙绝伦，超乎所有想象"。

其时，透视罗布大获成功。这是用通透的平纹织物或上等亚麻布做成的罗布，上面画着或印着大朵大朵五彩缤纷的花朵，裙底是闪亮的波纹绸缎做成的罗布；或者与此相反，内层罗布的布料是大幅花枝图案的金色或天蓝色锦缎，外面搭配一件用轻盈通透的布料做成的罗布，如蕾丝。

塞维涅夫人

塞维涅夫人（Marquise de Sévigné，1626—1696），法国书信作家，她的作品生动反映了路易十四时期法国的社会风貌。

从科尔萨基到鞋子，蕾丝以各种方式与女性从头到脚的服装和配饰相搭配：与绑头发的丝带穗子组合、做成科尔萨基上的大花结、做成裙子上的花边。总之，在全身各处都或多或少地装饰着一点。

法国各地的蕾丝制造商们开发的蕾丝样式层出不穷，例如"阿朗松针织蕾丝、瓦朗谢讷蕾丝、勒皮蕾丝、迪耶普蕾丝、色当蕾丝"[1]，等等。他们盯上了所有女人的钱袋——公爵夫人们、总督夫人们、侯爵夫人们，朴实的做生意的女人们也不能幸免。宫廷节日庆典里的红人使用价值数百皮斯托

蕾丝装饰的礼服

尔[2]的昂贵凸花蕾丝，而小资产阶级女人或巴黎中央菜市场的卖菜妇人们则会在节庆日使用简单的铁线莲纹蕾丝或雪花纹蕾丝。

---

① 以上蕾丝均是以法国城市命名。
② 皮斯托尔（pistoles），法国金币名称，1皮斯托尔大约等于10利弗尔或3个埃居。

芳坦鸠式发髻

1680年，发型发生革命。

在一次皇家狩猎中，继蒙特斯庞侯爵夫人之后成为国王情妇的丰唐热公爵夫人被风吹乱了头发。为了把头发重新收拾利索，蓬头散发的美人取下她袜带上的一条丝带，在额前将秀发系成一个美丽的花结。受宠的女人无论做出何种举动都是可爱、美妙的，不是吗？这个优雅的创意令贵族领主们神魂颠倒，让夫人们一见倾心，第二天她们便纷纷梳起了芳坦鸠式发髻。[1]

芳坦鸠式发髻风靡数年，其间，人们对它进行了调整、修改并大幅增加其高度。它演变成由蕾丝、饰带和头发组成的"高楼"。据圣西门[2]的描述，这种发式的顶部极具特色，装饰着蕾丝；内有黄铜丝支撑，高达两法尺；是一个由数个不同的小部件组成的整体，每个小部件都有各自的名称。

早期的芳坦鸠式发型

---

[1] 实际芳坦鸠式发髻的起源应该是后人附会，这个名称出现的时候丰唐热公爵夫人已经去世了。

[2] 圣西门（Saint-Simon，1760—1825），法国哲学家、经济学家、空想社会主义者，著有《一个日内瓦居民给当代人的信》《实业家问答》等。

以顽皮、淘气为特征的芳坦鸠式发髻流行数年之后失去了国王的欢心，想必这位国王更加钟情于后者斯卡龙寡妇①那刻板的发型。

1671年，普法尔茨公主、普法尔茨选帝侯的女儿巴伐利亚的伊丽莎白·夏洛特公主来到法国，与国王的弟弟成婚。由于当时流行的科尔萨基肩部裸露的面积太大，她便穿了一件短短的斗篷，以图遮住些许肩部。很快，所有的夫人都穿上了这种短斗篷，她们用公主的封号为其命名，称它为"普法尔茨"。

巴伐利亚的伊丽莎白·夏洛特

---

① 即曼特农夫人，她的第一任丈夫是保罗·斯卡龙。

斯滕凯尔克式打扮

时尚的故事总是温文尔雅又具有英雄色彩，这一时期还出现了斯滕凯尔克式打扮。

这是一个充满了骑士精神和火枪手英勇无畏事迹的时代。在发起冲锋之前，上校总是会对他的士兵们说道："虽然阵地难以攻克，但是先生们，咱们将会有更多的好故事讲给情人听了，这真是太好了！"

在斯滕凯尔克战役中，卢森堡公爵的骑兵战胜了纪尧姆·奥兰治。时年十五岁的路易·菲利普·德·奥尔良王子、孔蒂亲王、旺多姆公爵与骑兵和众多贵族冲锋归来，他们的衣着凌乱不堪，装饰着蕾丝的克拉巴特松散地胡乱系在脖子上。于是为了纪念胜利，这种松松垮垮的、简单系一下的克拉巴特流行开来，并被称作"斯滕凯尔克"。所有的女人也开始把斯滕凯尔克用在自己身上。

克拉巴特

克拉巴特（cravate）是一种蝴蝶结领饰，起源于"克拉巴特近卫兵"的军服。

富有的外省女人和小贵族夫人们纷纷模仿流行的样式和穿法，资产阶级女人们也竞相跟随，只是稍显力不从心。菲勒蒂埃[①]和塞巴斯蒂安·勒克莱尔[②]分别在其描写资产阶级的小说中和铜版画里为我们描绘了资产阶级女人的形象：她们娇俏漂亮，对母亲辈流行的帽子嗤之以鼻，穿着有大拉巴领的衣服，戴着珍珠项链；她们的科尔萨基上装饰着五颜六色的蕾丝，衣饰上的蕾丝和丝带同凡尔赛宫里女人服饰上的一样多。菲尔蒂埃尔可真是口无遮拦，他甚至向我们透露，这些女人们会为了参加庆典活动去借别人的珠宝，还借仆人为自己提裙角。

有仆人为自己提裙角的贵妇

①　菲勒蒂埃（Furetière，1619—1688），法国作家、词典编纂家。
②　塞巴斯蒂安·勒克莱尔（Sébastien Leclère，1637—1714），法国蚀刻画家、版画家。

若想了解这一时期的平民女人着装，可以看看莫里哀家的女佣。她是一个性情温和的姑娘。在塞巴斯蒂安·勒克莱尔的描绘中，她的发式非常简单，罩裙向上卷起，紧身背心有一个宽大的燕尾式下摆（该元素来自路易十三时期的军官服装，后来，夫人们将其吸收到她们的服装中）。

他还刻画了巴黎中央菜市场穿大拉巴领和花边衣服的卖菜女，她们那端庄而神圣的神色仿佛在说："我们也是伟大时代的一份子！"

十七世纪八十年代的花边时尚

曼特农夫人在时尚领域的影响

　　事实上，在伟大国王当政时期，光芒四射的阶段是很短的。1680年前后，风格就开始转变了，1685年国王秘密迎娶曼特农夫人后，她也开始对时尚产生影响。

　　所有的玫瑰花都已被折下，所有的月桂树都已被砍伐，人们不再去森林。

　　曼特农夫人当红的时间长达三十五年。年轻时的太阳王钟爱盛大的场合，终日在庆祝活动、舞会和竞技表演场流连，被风流韵事环绕，身边是头戴花环的廷臣，还有一大群光彩夺目的美人在侧。这位伟大的国王年老以后变得忧郁、沉闷无聊，虽然依旧对盛大的排场情有独钟，却总是摆出一副庄重的样子，可以说是"刻板的豪华"。

　　所以这个伟大的时代后来也是无聊的，充斥着华丽的服装和隆重的假发——一种镀了金的无聊。国王为年轻时的风流韵事感到懊悔，如今的他摇身一变，成为虔诚的宗教信徒和苦修者并期望所有人都像他一样。

曼特农夫人

时尚骤然改变，男装和女装都转向严肃的风格。太过闪耀或太过娇俏的饰物、鲜亮的颜色、金线绣成的花枝图案曾让王宫和城市目眩神迷，如今却销声匿迹，将舞台让给更为朴素低调的装扮。这种情形一直持续到路易十四将他闷闷不乐的情绪归因于曼特农夫人那沉闷的发型。他觉得，如果能够在时尚向笃信宗教的方向转变之前，把贵族阔佬和贵妇人们邀请到宫中来，请他们为王宫带回昔日的光芒华彩，也不算坏事。这些人是否会对他的邀请一呼百应？豪华的服装能否如期归来？答案不言而喻。

十八世纪初期带花边的小围裙

在伟大世纪的最后阶段，夫人们将最为耀眼的、装饰着绦子和花边的、带着花枝图案的布料穿在身上，罗布敞开，露出用锦缎或花缎做的、用金线缝纫的、装饰着最精美花边的科尔萨基的前面部分，半裙向上翻起，上面覆盖着一个有花边的小围裙——它并不是这身行头中最出彩之处，反而显得与整身外出装扮格格不入。

发型方面，这时流行起高顶的芳坦鸠式发髻，这种复杂的构造比之前的芳坦鸠更加荒谬怪诞，脑后装饰着飘来飘去的花边饰带。

半裙流行的款式是"荷叶边"和"普雷坦范儿"。"荷叶边"就是将一排飘舞的饰带钉成绉泡的形状，排列在裙边上，只在垂下来的半裙上装饰；裙尾拖曳、两侧翻起的外层半裙上则没有。"荷叶边"的发明者是一位皇后内室侍女的儿子，名叫朗格莱，后来他成为王宫里品味的裁判和时尚的先锋。

"普雷坦范儿"是一种装饰罗布的新方法，即剪出大朵的五颜六色的花儿装饰在布料上。这种装饰鲜艳夺目，使得夫人们给人一种错觉——她们的罗布是用地毯或做扶手椅的布料做成的。

太阳王的宠姬

VIII

十八世纪
（路易十五时期）

疯狂与肤浅的摄政期^①时尚

经历过所有的辉煌和壮丽、体会过所有的辛酸和失意之后，法国忧伤地凝视着太阳王时代漫长而忧郁的黄昏。

多年来，年迈的国王和他面容严肃的妻子带来的烦闷气氛压制着法国，当路易十四被葬入圣丹尼教堂的地下、曼特农夫人退居圣西尔的时候，压在这个国家胸口上的一块大石头仿佛被挪走了，情绪在转眼之间爆发：所有压制自我的年轻人、被抑制的肤浅事物、对享乐的追求全部喷发出来，摄政期的疯狂大潮汹涌而来。过去的十七世纪就像一个肢体残缺、行动不便又牢骚满腹之人。它并不想退出历史舞台，在它的严格控制下，轻快矫健的十八世纪就像一页突然出现的新篇章，年轻自由，玩得痛快淋漓，把假发高高地抛到所有唠唠叨叨之人的头顶。

道德家称时尚是肤浅之女。所以为了向它的母亲表示敬意，时尚一口气带来上千种疯狂的新发明，这还不够，还要选一些被人忘得一干二净的旧物件儿重新用起来，如此方显美妙。

摄政期的女猎手

---

① 这里的摄政期指的是1715—1723年间路易十四的侄子、奥尔良公爵在路易十四逝世后，因继位的路易十五尚且年幼而暂时担任摄政王的一段时间。

十八世纪，从摄政期开始，时尚的关键词就是"规模"。亨利三世时代尺寸巨大的裙摆如今得以回归，依据平衡和谐的法则，既然贝尔丢嘎丹重现了，必然带来一些结果——袖子变宽、发型加高。

曾在亨利三世时期，高高的绉领就像把头放置在一个圆锥形容器里一样。而到了路易十五和路易十六时期，发型之宏伟壮观，让人惊叹。

十八世纪初期的贵妇

帕尼埃热潮

贝尔丢嘎丹再现，它有了新名字，叫作"帕尼埃"。帕尼埃来自英吉利海峡的另一边，最初两位英国夫人穿着帕尼埃来到巴黎，并在杜伊勒里宫的花园里向法国人展示。这两位夫人衣着奢华，裙摆大得出奇，激起了散步的男男女女的好奇心。她们被蜂拥而至的人群挤得差点儿窒息，都快被压扁了。一位火枪手军官出面维持秩序，两位夫人和她们的帕尼埃才得以脱离险境。

如今，时装只用六个月就能传遍文明世界，然而还不到两季，尚未穿旧就消失了。那时候的时尚却不同于现在，它的诞生和发展都需要时间，可能每一天都会出现一些设计上的奇思妙想，会有一些改动，为时装加入一些元素或改良一些地方，但时装的基本线条会保持很多年。因此帕尼埃存续了整个世纪，直到大革命来临方生命终结。

贝尔丢嘎丹用数年的时间重新占领巴黎。它先是做了一些小规模、低调的尝试，复兴的步伐缓慢而羞涩；之后，1730年前后的某一天，它忽然无可争议地占领了统治地位。所有的夫人都将中等大小的外裙和小型的帕尼埃搁置一旁，穿起直径六法尺的大型帕尼埃，因为裙撑加大了，因此至少需要十古尺布料来做裙子。"帕

造型夸张的帕尼埃裙

尼埃"这个名字恰如其分①，因为
那批最早鼓胀起来的裙子就是用
柳条或灯心草做成的篮子支撑着
的，状如鸡笼。后来，人们改成
用鲸须制作裙子的支撑结构。

　　从安的列斯群岛②返回的途
中，一位名叫帕尼耶③的行政法
院检察官在海难中丧生，他的厄
运给冷漠的时尚带来灵感，刚刚
开始大放异彩的帕尼埃裙得了个
别名。

　　在那个无拘无束的时代，帕
尼埃裙的名字也起得十分随意：
有齐膝的杨森教派小帕尼埃；"嘎
吱"裙，这种裙子的布料上涂着
树胶、分布着褶皱，最微小的动
作都能让它嘎吱作响；还有"开

宽大的帕尼埃裙

心果"裙、"试试看"裙、"荡妇"裙、"筋斗"裙。可能因为小帕尼埃裙的名字相对更为体
面，所以它又被称作"敬意"裙。有一段时间，大帕尼埃裙还被称为"诉求之王"裙。

---

① 帕尼埃（panier），原指行李筐、篮筐。
② 安的列斯群岛，为美洲加勒比海中的群岛。
③ 帕尼耶（Pannier），与帕尼埃（panier）拼法相近。

帕尼埃的热潮，自然带来了裙子风格上的变化。最初的样式非常优雅，颇具基西拉岛之风。在那个轻浮的时代，人们为了向华托表达敬意，用他的名字为这种穿搭风格命名。华托是一位伟大的画家，他在画布上创作了那个轻浮时代的很多美丽夫人形象。她们身着宽度不一的帕尼埃裙，脸上抹着腮红、贴着美人痣，手里拿着扇子或拄着大手杖，时刻准备跟随某位穿着红底高跟鞋的风流领主启程去往基西拉岛。

向基西拉岛出发

基西拉岛，一座希腊的小岛，位于伯罗奔尼撒半岛东南部，是神话传说中女神阿芙罗狄蒂的诞生地，故基西拉岛又名"爱情岛"。该画作为法国洛可可时代画家让-安东尼·华托（Jean-Antoine Watteau，1684—1721）的代表作。

路易十五时期的流行服饰

　　走吧，美丽的夫人们、侯爵夫人们或歌剧女郎们，优雅疯狂的人们，真正的基西拉岛在巴黎呢，就在摄政王奥尔良公爵或有"宠儿路易"之称的路易十五的统治之下。在这个世纪里，有五十年的时间享乐和嬉戏，有五十年的光阴用来游戏人生和纵情欢笑，然后用泪水洗刷腮红和美人痣的时代终将到来。

玛丽·莱什琴斯卡

玛丽·莱什琴斯卡（Marie-Leszczyńska，1703—1768），出生时为波兰公主，其父亲为波兰国王斯坦尼斯瓦夫一世，法国国王路易十五之妻。

飘逸裙的流行

时尚界开始流行起飘逸裙。女人们不穿科尔萨基，也根本不系腰带；她们的裙身从肩膀沿鼓起的帕尼埃垂下，仅正面贴身，背后的大褶皱飘飘荡荡。这样的裙子令步态轻柔慵懒，既懒洋洋又优雅，而娇弱慵懒正是那个世纪的标志。为了将宽大的帕尼埃覆盖住，在做飘逸裙的时候，人们摒弃了以往厚重的布料，采用更加轻盈的布料——上等亚麻布、麻纱、平纹织物。精美的布料上缝着小花束，散布着小花朵或小小的乡村风图案。

天气晴朗的日子里，女人们穿着晨衣在清晨时分悠闲散步。她们披着飘逸的外套，身穿像睡裙一样的宽松裙子；手臂从一堆花边中露出，面孔衬托在柔软的领圈里。穿着宽松科尔萨基的美人们手持扇子，高跟鞋底被懒洋洋地踩出嘎吱声。当时曾有人说，她们的神态就像是有好运即将来临。

飘逸裙

飘逸裙（robe volante），1720—1730年流行的裙子款式。因为这种裙子剪裁宽松，走动时随空气流动而起伏飘动，故此得名。

这就是摄政期：在王宫或其他地方，晚餐聚会和歌舞狂欢数不胜数，在各处寻欢作乐的浪潮里，疯狂的美人比比皆是。巴黎因为一种新的狂热而亢奋，这就是投机。很快，投机活动使一部分人的钱包鼓了起来，另一部分人却倾家荡产。投机活动增加了一些人的财富，他们富有到支付得起所有的享乐活动；也使另一部分人加速走向穷困潦倒，不得不为自我麻醉付出一切代价。

　　每一天，时尚界都有新式的飘逸裙、帕尼埃、发型或小饰物诞生，为靠笔杆子写作的讽刺作家提供了大量的素材。喜剧、小曲、意大利歌剧、集市演出、漫画和抨击文章用各种各样的方式嘲笑荒谬的帕尼埃；然而，帕尼埃却耀武扬威，对嘲笑者嗤之以鼻，它的尺寸越来越大，没有上限。

　　对于帕尼埃，普遍的态度是嘲笑或抱怨。仅仅一位身着阔大帕尼埃的夫人就能把一辆四轮马车的车厢占满，别的夫人还怎么挤得进去？在巨大裙摆的映衬下，所有的东西都显得弱小而寒酸：房子太窄，必须加宽客厅的门，才能让衣着宽阔的美丽夫人们通过（就像后来，梳着巨大发型的人若想不费力气地从门口经过，必须得把门框加高才行）；扶手椅也太窄了，裙撑那么大，都挤不进椅子的扶手

备受嘲讽的帕尼埃

里去，裙子也不能自如地向上翻起，可怎么坐呢？但即使这样也无所谓，因为直到玛丽·安托瓦内特的时候，帕尼埃还会越来越宽。上面覆盖的长裙样式也越加繁复，大大小小的褶边、网纱、褶子、布条、丝带，以各种风格、各种最优雅复杂也最巴洛克的方式组合在一起。

玛丽·安托瓦内特

巴洛克风格的帕尼埃裙

华托式长裙

　　很长一段时间里，华托式长裙都是后背很宽松，胸部却被衣服的上身部分或紧身胸衣紧紧地束缚着。而缎子做的科尔萨基下部的尖角垂得很低，又因为胸部和肩部袒露在外，需要搭配一条蕾丝或丝带做成的"护颈"以使胸部避免受寒。

华托式长裙

根据季节或温度，人们选择披斗篷或小风帽斗篷。后者是一种盖住双肩、小且娇俏的斗篷，上面有轻盈的丝绸或缎子做的风帽，装饰着齿形边饰或褶皱——兼具帽子和斗篷的功能。也有人选择穿一件把整个人从头到脚包起来的披风，这是类似于有帽子的开口袍，用一圈黄铜丝把风帽撑得圆鼓鼓的。

总的来说，长裙的流行款式在很长时间内都没有变化，仅通过一些小饰物进行改动。从1725年到1770年再到1775年，长裙款式基本没什么区别：相同的设计和线条，相同的大裙摆，袖子上都有大量的蕾丝垂下，都装饰着丝带做成的小穗子。

女帽和斗篷

奢靡的时尚

　　十八世纪的时尚里最美好的时代、路易十五当政时期时装样式最美丽的时期，当属1750年到1770年之间的这段时间，是介于夸张的摄政期和稍有收敛的路易十六时期之间的时期。这段时期，主宰者是非常美丽而又极其精致、极具审美和艺术鉴赏力的蓬帕杜夫人。

蓬帕杜夫人

路易十五

若想追忆这个生活幸福的时代，领略它的所有魅力，我们只要列举出这些名字就够了：布歇、博杜恩、拉图尔①、朗克雷、佩特、艾森、格拉沃洛、圣奥班和其他小有成就的大师们②，他们轻盈的身姿充满了麝香香味，如此优雅美妙。的确，在玫瑰花香水的掩盖之下，潜藏一股腐烂的气息。这个社会表面涂着马丁漆③，然而那闪闪的光亮却经不起刮擦。到处都是放任自流的态度，人们在任何事情面前都波澜不惊。

在蓬帕杜夫人之后，路易十五又掉进了杜巴利夫人的温柔乡。他像土耳其君主一样建立了自己的后宫，称为"鹿苑"，里面都是一些年轻的姑娘。大贵族和金融家们也有属于他们的"游乐场"：在那里，贵妇人和歌剧女子四处巡游。

杜巴利夫人

杜巴利夫人，原名珍妮·贝库（Jeanne Bécu，1743—1793），她是路易十五的情妇，后被宣布涉嫌反革命活动而受处决。

---

① 拉图尔（Georges de la Tour, 1593—1652），法国画家，十七世纪卡拉瓦乔主义艺术的代表，是十七世纪美术史上一位擅长描绘光线与阴影的大师。

② 以上列举皆是这一时期法国艺术家，布歇、博杜恩、拉图尔、朗克雷、佩特是肖像画家；艾森与格拉沃洛是画家与雕塑家；圣奥班则是版画家。

③ 马丁漆（vernis Martin）是一种18世纪法国常用的室内装饰漆，以当时王室御用清漆的供应商马丁兄弟命名。

然而，这个十八世纪是多么小心翼翼地呵护着自己的装饰，它梳妆打扮，营造一种温柔而有魅力的生活，毫无忧虑、毫无怀疑等待着它的第五幕是什么！

　　十八世纪最完美的化身在拉图尔的大幅粉色画中，那是蓬帕杜夫人的肖像，她身着便服，用缎子、饰带和蕾丝谱写了一首小诗。

拉图尔笔下的蓬帕杜夫人

扇　子

如果由女人来做统治者和主宰，那么她们的权杖就是扇子。扇子古已有之，中世纪时，它被称为"Esmouchoir"；也出现过形状类似旗帜或风信旗的方形扇；路易十六时期的贵族夫人们用一条链子将羽扇系在腰带上；折扇则是由凯瑟琳·美第奇从意大利带入法国并被亨利三世采用。

从路易十四时期开始，扇子成为夫人们服饰中不可缺少的配件。但是，扇子真正大放异彩、样式最为漂亮时，则在十八世纪的路易十五时期，工匠制作扇子会对珍珠贝母或象牙进行巧夺天工的切割和雕刻，制成扇骨；扇面是华托、朗克雷或其他画家精美的油画。这样制成的扇子成为洒麝香香水、涂脂抹粉的女性化社会的风雅权杖。贵妇们用手中的扇子指引君主、大臣和将军，指引艺术、文学甚至政治和世界的走向。

加布里埃尔·德·圣奥班（应为其弟）的铜版画《盛装舞会》为我们展示了那个时代优雅女人的盛装，还有背后的华托褶：画中人穿着飘逸裙，露出科尔萨基和里层的裙子，裙摆用丝带系在腰带上，侧面沿着宽大的帕尼埃向上卷起，还有飘来飘去的装饰物、皮毛边饰、褶皱镶边、缎子或蕾丝荷叶边。

持扇美人

十六、十七世纪的扇子

十八世纪的扇子

隆尚修道院外的游行、华丽的四轮马车和轿子

出行装扮

这一时期，女士们的发型开始升高，但仍是优雅适宜的。她们露出光洁的额头，洒着香粉的头发从额头向上梳起，打理成茧状或卷发，搭配几绺饰带、几片羽毛和一些珠宝。女士们加入隆尚修道院①的复活节游行队伍，乘坐华丽的、颜色鲜艳的镀金四轮马车。马车的车身就像童话故事中一般精美，车身旁边跟着最讲究的随行队伍，随从们鞋子上打着蜡，衣服刷得板板正正，光鲜亮丽。

鉴于那个时期乏味又平淡，这辆马车就像一个棺材，旁边是一些穿着高级服装的侍从也像送葬人员。这些壮观的四轮马车车夫面色庄重，戴着假发，衣服上装饰着饰带。高大的仆从们穿着闪闪发光的制服，紧紧跟在车后。而令人眼花缭乱的四轮马车里，全都是令人目不暇接的华服、蕾丝、羽毛、饰带、钻石和珍珠！

十八世纪的流行装扮

---

① 隆尚修道院，由圣伊莎贝尔于1255年在巴黎建立。该修道院一直延续至十八世纪，终在法国大革命期间被关停。1857年，修道院原址上建起了隆尚赛马场。

十八世纪的出行装扮

大兵们从四轮马车的门前跑过，穿着不同的制服来来往往，穿过随从队伍、骑士和女英雄们，一睹时尚美人的风姿，欣赏她们的打扮。美人们在路边与年轻的领主们、小有名气的大师们和狡猾的大商人们交谈，侯爵夫人、议长夫人、上流社会的夫人、财政家的夫人与歌剧女郎、被青年男子们热捧的喜剧女演员狭路相逢，她们争奇斗艳。还有伴随大领主或大商人短途出游并不光明正大的交际花，可能就会成为接下来一周油画上的主角。

十八世纪的流行发型

十八世纪末的居家装扮

线描图灵感来源于莫罗·勒·热讷的画作。莫罗·勒热讷（Moreau le Jeune，1741—1814），即让-米歇尔·莫罗（Jean-Michel Moreau），法国插画家、雕刻家。

冬季时尚

　　寒冬来临，优雅的美人们将各自的华丽四轮马车或轿子——那个迷人世纪里又一项精妙发明——搁置一旁。她们抛开用马丁漆涂画着布歇或华托的田园画的轿子，抛开蕾丝和饰带，将皮毛加入她们的服饰和发饰之中，将粉红色的漂亮鼻子藏进紫貂皮或蓝狐皮里，双手深深地插进像鼓一样大的暖手笼中。她们坐在雪橇上从皑皑白雪中穿过，这些雪橇精雕细琢、五颜六色，上面装饰着雕花和镀金的人物画，充满了最令人惊叹的奇思妙想。

十八世纪末的冬季时尚

VIII

十八世纪

（路易十六时期）

◎ 创意发型

◎ 情感发型

◎ 法国贝勒普尔号发型

◎ 美人痣

◎ 田野时尚

◎ 长礼服式罗布

◎ 时尚色彩

◎ 英国时尚

◎ 资产阶级女性

创意发型

　　充满麝香和脂粉香气的优雅世纪到了风烛残年，追求精致打扮的一百年日渐垂暮，它对炫目的洛可可式装扮失去了兴致。它有些审美疲劳，不再轻易翻新花样了。时尚开始长久地停滞不前，在同一个圈里兜兜转转。

　　如同从前路易十四晚期的风格，路易十五时期的风格亦变得无聊起来，洛可可风显得老气横秋。但是稍安勿躁，时尚将会骤然改变，它愿意承担所有风险，纵使掉进古怪的巴洛克风格中也在所不惜——毕竟，一个世纪它总要来上这么三四次。

　　在时尚女神肤浅、冒失的小脑袋瓜深处，有疯狂的种子蠢蠢欲动，它要开始做傻事了。蓬帕杜式和华托式的优雅暂时被保留，然而时尚又从发型上找补回来，它把女人们的脑袋当成最肆意疯狂的试验场，最令人难以置信的幻想剧场，以美化、修饰为借口，创造、整理、搭叠出最疯狂的创意。

洛可可风格的服饰和发型

十八世纪的创意发型

女人的头成了乡野甚或海洋风景，装饰着羽毛的头发被夸张地垫高，塑造出各种建筑造型——甚至有小小的男性人偶在上面散步，还有小小的女性人偶和纸娃娃。

于是，巴黎的天才理发店如雨后春笋般冒了出来，出名的理发师有勒格罗、莱昂纳尔、拉斐尔和鲁本斯。更确切地说，他们是发型界的索弗洛，经营着传授毛发建筑理念的学院，为了装点贵族淑女和雅士们的脑袋，不停地探索荒谬的极限并不断向更高的高度发起挑战。在这个伟大的世纪里，通过设计庄严雄伟的男士假发，发型师们经历了自己的荣耀时代。如今，成为发型界科学院院士的他们再次声名大噪，而这次则是拜女人们所赐。

让我们一睹身处美丽时代的盛装女人的芳姿吧，她为了出门拜访或去杜伊勒里宫而极力打扮自己。这是一天里的头等大事，对于这项实验室里的精巧工作来说，它的艺术性和想象力需要与时下流行的品味吻合。朗克雷、博杜恩以及所有同一世纪里温文尔雅或风度翩翩的画家们用画笔大献殷勤，描绘迷人的贵夫人小姐们起床后梳妆打扮的时刻，就连讽刺画家们也对这一时刻报以微笑。

灵蛇主题的发型

　　化妆间里摆放着洛可可风格和雕花的白色细木家具，贵夫人端坐在化妆镜前，由贴身侍女或女佣为她穿戴。通常一位贵夫人一起床便要接见情郎、女帽商、侯爵、金融家、在《缪斯年鉴》中歌颂她魅力的诗人、机灵的骑士和戴着小领圈的修道院院长。

　　"修道院院长怎么说？"他们是有品位的，对于与时尚创意有关的所有事物来说，他的意见都是宝贵的。然后，所有那些轻浮的人都被请走了，现在是美发时间，打理头发是一天中的庄严时刻，是唯一真正重要的时刻。

塔式发型

塔式发型（Pouf），该词原意指软垫、坐垫。这种发型是
以一个金属丝、布料、马鬃及假发做成的软垫安在头上，
再将造型人的真发围绕并固定其上，然后在此基础上按各
种主题进行装饰，通常还会在发型上扑上大量发粉。

艺术家需要独处，这样灵感才不会被
吓跑，另外，因为工作耗时长、难度大，
为了保证良好的效果，需要很多准备工作
和极大的耐心。在工作过程中，艺术家只
允许夫人的一两个贴身侍女服侍在侧，他
只需说出只言片语，她们便能心领神会地
递上所需物品。

夫人们的社会地位决定了她是由大
艺术家还是大艺术家的学生来为其设计
发型，时髦的大艺术家坐着贵气的四轮马
车，从一家酒店奔波到另一家酒店，在杜
伊勒里宫和公主们的宅邸之间穿梭。大艺
术家的学生们则身着翻边袖口上镶着花边
的燕尾服，身侧佩戴着长剑。

灵感到来之时，艺术家的手指、梳子
和烫发钳之下将诞生最奇特的艺术品，天
生的卷发巧妙地与大量的假发辫混合起
来，使头发的高度陡然增加。如塔式发
型，它们被层层叠高，或是叠放成鸡冠
状，或是被压扁，或是梳成卷发扎上蝴蝶
结，或是做成栅栏形、穗子形或拐杖形，
等等。

塔式发型

在二十年的时间里，奇形怪状的造型以发型为依托鱼贯而过。疯狂选择了夫人们的头发作为自己的住所，在最荒唐怪诞的发明中，我们能列举出的有科萨克式①发型、直上云天发型——这个发型的名字就显示出了它的尺寸，还有彗星式发型，玛丽·安托瓦内特又发明了四束环形鬈发的刺猬发型，用羽毛装饰的夸张发型，还有花园发型、爱情摇篮发型、基西拉岛的见习水手发型……

① 科萨克式（Quesaco），这个词是译者音译。

1789年的巴黎女郎

十八世纪末的流行服饰

情感发型

此外，还有各种令人匪夷所思的塔式发型，其中最离奇的要数情感发型，在树木丛生的高岭之间，有花朵，有绿地，枝头有鸟儿、蝴蝶，在这片可笑的绿树成荫的景色中，还有飘舞的纸板小人儿，这些事物和人物荒谬地组合在一起；除此之外，还有大法官夫人式、右塔式、左塔式。

情感发型极尽所能地将各种情感和品味组合、陈列出来，大家请看：路易菲利普国王的母亲沙尔特公爵夫人在她的发型基座上展示了一个由一群小雕像组成的小美术馆。乳母臂弯里抱着的夫人的大儿子、一个黑奴、一只正在啄樱桃的鹦鹉，还有其他用她的至亲的头发做成的图画。

塔式发型

花园发型之后，还有圣克卢瀑布发型，扑了香粉的卷发从头顶垂下来，就像瀑布似的；也有蔬菜发型，几束蔬菜挂在颈背处的细鬈发上；又有乡村发型，一条山岭下有几个正在转动的磨盘，一条银色的小溪穿过一片草地，一位牧羊女赶着羊群，群山叠嶂，一片森林里有一位猎人，他的猎狗正在追逐猎物。

之后，出现了斗兽场造型、天真坦率式发型、铃铛发型、芦笛发型，挤奶女工发型、牧羊女发型、土拨鼠发型、农妇发型、方围巾发型、东方女人发型、切尔克斯女人发型，还有密涅瓦式发型、牛角面包发型、爱情头带发型，以及谜语帽子发型、讨喜乐趣发型、卷起窗

有人偶在花园散步的夸张发型

1777年马修·达利（Matthew Darly）创作的蚀刻版画。

带有水果和蔬菜图案的梦幻发型

匿名创作，约十八世纪。

帘的敞篷四轮马车发型、世纪大总管发型、朝圣的维纳斯发型、轻佻的浴女发型，等等。鬈发在各种情感表达中折叠塑形……

排场盛大的、装饰着花朵或花环的、用羽毛修饰的宏大发型既宽大又沉重，层层堆叠，占据了极大的空间。因此，夫人们挤进四轮马车的时候，不仅要费力地将帕尼埃塞进去，还需要向一侧倾斜着脑袋，有时候甚至要跪着才行。

在一些漫画中，梳着这种发型的夫人们坐在轿子里，轿子的顶盖都被卸掉了，因为只有这样才容得下那硕大无比的像阿尔卑斯山一样高耸的发顶。

法国贝勒普尔号发型

贝勒普尔号发型

在所有巨大的发型中，最令人震惊的要数贝勒普尔号发型了，这个发型是为了向1778年法国贝勒普尔战船战胜英国阿瑞图萨号战船致敬。大量的头发被打理成大波浪状，上面是一艘尺寸相当大的战船，桅杆、炮筒和造型可爱的水兵一应俱全，船帆全部打开，正在全速航行。这项杰作出自发型师莱昂纳尔和达热之手，设计出这个巅峰之作后，他们便可以退隐江湖了，此后再无能够超越此举的作品。

所以在1789年之前，女性的头上接连不断冒出荒谬的发明，这都是那位最高贵的女人树立的榜样。唉！夫人们不得不为此赎罪。头颅犯了罪，头颅就要付出代价。最高贵的女人倒下了，但这也得归咎于那个支持她大肆挥霍的男人。①

去瓦雷纳②的一行人中有王后的发型师莱昂纳尔。在那些可怕的日子里，在君主制国家面临灭顶之灾时，人们想要营救的是谁呢？是不可或缺的莱昂纳尔！这个最后的偏好害了可怜的王后，因为人们说，正是逃在前面的莱昂纳尔十分无心地给德·布耶侯爵军队的一支分遣军提供了错误的情报，导致王室成员未得到营救而在瓦雷纳被捕。

---

① 1789年指法国大革命，最高贵的女人指在大革命中被斩首的王后玛丽·安托丽内特，男人指路易十六。
② 瓦雷纳，法国东部一个市镇，1791年，法国大革命爆发后，路易十六和王后出逃至此地被捉。

贝勒普尔号发型

美人痣

　　当优雅的美人打理好发型，就该用一个大大的圆锥形纸筒罩住脸，然后在发型上适当地扑上一层厚粉了——十八世纪初，这种奇怪的时尚就开始流行了，无论是男人还是女人，额头上铺的白粉就像累积了数年的白雪一样厚。女人们头上是如雾凇般的白粉，脸上则涂着鲜艳的红色，与头发上扑的白色形成鲜明的对比——塞维涅夫人曾经说，"红色代表国王和先知"。女人们为了让优雅更加无法抗拒，还贴上了美人痣，用来突出容貌上的某些细节，为表情增添动人之处。

　　女人们为了展现独特的美，研究着用最恰当的方式把美人痣贴在脸上，根据位置的不

同，美人痣有着下面这些有趣的名字：贴在前额的名叫"庄重"；贴在嘴角的名叫"活泼"；贴在棕色头发和浅黑色皮肤的女人们嘴唇上的叫"调皮鬼"；贴在鼻子上的叫"放肆"，有点儿滑稽；在脸蛋中央的叫"文雅"；贴在眼睛附近的美人痣让眼神显得抑或忧郁，抑或多情，叫作"摄人心魄"；除此之外，还有各种各样的新奇创意，比如新月形的美人痣、星形的、彗星状的、心形的……

美人痣

然而，这是一个即将崩溃的世界，一段即将在一场突如其来的灾难中消失的社会的最后时光。从1785年①开始，旧的社会制度染了病，革命开始掀起……穿衣打扮也不能幸免！

田野时尚

这是一场全面的变革，它到来得几乎没有过渡，十八世纪的文雅服装被抛弃，给一系列的新发明让位，后者呈现出完全不同的线条。

再见了，像篮子一样的大裙子，葡萄收获的季节已经过去。巨大的帕尼埃宣告生命终结，取而代之的是"置肘帕尼埃"，这种裙子上有一个简单的隆起，穿它的人可以把肘部支撑在上面，两侧填塞着两个小衬垫，称为"bêtises"，正后面还配着第三个衬垫，其名称起得非常直截了当。之后，衬裙完全被抛弃，女人们穿的半裙一点点演变为紧身罗布和大革命期间的极简装束。

一位正在户外行走的持扇女士

---

① 指1785年发生的"钻石项链事件"。当时的王室珠宝匠受骗将一条价值不菲的钻石项链出售给让娜·德·瓦卢瓦-圣雷米。后者谎称是替王后购买的。当王室珠宝匠找到王后兑现支票时，被王后拒绝。尽管经过审理，法官判让娜诈骗罪成立，该事件还是在民众中产生了极坏的影响，使王室声望大跌。

小特里亚农宫的玛丽·安托瓦内特为时尚带来了少许田园风，有喜歌剧中的乡土风情，也有弗洛里昂农村的放牧元素。于是人们看到，时装中出现了草帽、围裙、类似乡村老妇人穿的短上衣、乡下女人穿的紧身短上衣这些元素。

莱昂纳尔引领着头上的时尚，主导着脑袋之上的新奇创意；对于其他部分，玛丽·安托瓦内特宫殿之中的品味裁判员是罗斯·贝尔坦小姐，她是为王后设计时装的大商人，人们称她为"时尚部长"。

罗斯·贝尔坦做出安排、制定规则，她负责发明并制作，女人们负责大肆追捧所有出自她手的东西，而丈夫们则一如既往地对着成堆的账单怨声载道。

罗斯·贝尔坦

罗斯·贝尔坦（Rose Bertin，1747—1813），法国第一位时装设计师、造型师、著名时装商人。她在成为玛丽·安托瓦内特的官方裁缝后，两人合作引领了当时的时尚潮流，她也被称为"时尚商人"。

长礼服式罗布

1780年前后，时尚发生转变，人们开始探寻新罗布的做法。人们发明了波兰罗布和切尔克斯罗布，但这些罗布并不来自波兰或切尔克斯。起初流行的是短罗布，帕尼埃上加上了翻边，之后出现有一层飘舞罩布的长罗布。耐葛里杰风[1]即将流行，长礼服式罗布出现。

卢森堡公园里曾发生过这样的不雅之事：一位伯爵夫人穿着拖着猴尾似的长腰带礼服式

---

[1]　耐葛里杰风（négligé），即室内便服。原为室内所穿的宽松衣裙，在路易十五后期逐成为白天的常服流行起来。

长礼服式罗布

罗布散步，这件罗布剪裁怪异，拖地扭曲的长尾，引得一大群人跟在她身后起哄，最后招来了侍卫才把人群驱散。

在长礼服式罗布之后，出现了耐葛里杰式以及半耐葛里杰式罗布、修米兹式罗布、浴袍式罗布和睡衣式罗布。

身着长礼服式罗布的戴帽女士

时尚色彩

以上这些裙装的名字就已经挺古怪了，而时下流行颜色的名称则更不寻常：金丝雀尾色、激动的山林仙女大腿色、加尔默罗会修女色、海豚色、新人色、活泼的牧羊女色和青苹果色、屏息凝神色。

一只跳蚤在王宫里迷了路——卢浮宫门口的守卫一不留神，让它跳上了王后和夫人们的皮肤，于是有了一系列与跳蚤有关的颜色：跳蚤肚子色、跳蚤后背色、跳蚤大腿色、老跳蚤色、年轻跳蚤色，等等。突然，另一种诞生地同样是王宫、命名更加优雅的颜色代替了那些与跳蚤有关的颜色——王后秀发色，这个名字是阿图瓦伯爵起的。一下子，所有的布料都应该是王后秀发色。

十八世纪，女性骑马外出时穿的骑装并不都是现代所推崇的黑色或暗色，况且一位优雅的女士还要再戴上一顶难看的大礼帽。

身着骑装的女士

受莫罗启发而作的身着骑装的女士

在《服装纪念碑》系列版画中，年轻的莫罗描绘了他那个时代的整个上流社会生活，包括节庆场景、典礼场面、娱乐活动，地点有沙龙里、贵妇的小会客厅、城堡、宫廷、剧院、布洛涅树林。他刻画的十八世纪八十年代的优雅女性，身着骑马装和长长的半裙，系着腰带，披着小鲁丹郭特[①]或小贝斯特[②]，颈后低垂的发髻上扑了粉，头上戴着有羽毛装饰的大帽子。

十八世纪身着骑装的女人真是魅力四射，完全不似今天的女性衣着黯淡，便是在最美的春日也没有改变。十八世纪的女性装扮婀娜多姿、五彩缤纷。

巴洛克歌剧的戏剧服装

---

① 鲁丹郭特，十八世纪中期出现的外套，衣料一般为天鹅绒、开司米、细棉布、织锦缎等。

② 贝斯特，主要流行于十七世纪后半叶到十八世纪初的男上装，作为室内服和家庭服穿在究斯特科尔里面，衣身较短，后逐渐变长，仅比究斯特科尔短一点，收腰，前门襟装饰多粒扣子，只扣一部分。后演变为无袖背心，改称"基莱"。

英国时尚

英伦时尚

仿佛是对美国独立战争的回应，君主政体末期，英国时尚大举入侵。[①]这些时装外观新颖，无论整体还是细节都与以往的服装截然不同。穿衣打扮呈现出不拘客套的外观，或者说是英国的特点，这是一种全新的体系。

人们穿着贝斯特，燕尾式科尔萨基敞开着，露出背心；还有人穿钉着大纽扣或装饰着系带的夫拉克[②]；或穿镶有大翻边和三层衣领的鲁丹郭特，后摆垂得很低。贝斯特和鲁丹郭特上的大纽扣是金属材质的，形状多种多样，有的还被涂上颜料，加以突出，其中一些奇特的式样保留了下来。

优雅的女人们和男人们一样，在马甲上系着两条长长的表链，挂着两块表。她们穿着马甲，系着克拉巴特，像男人一样把发髻低低地梳在脑后，或在脸颊两旁编出向下垂的辫子，像男人一样拿着手杖。而男人们有时候则真的会使用女人暖手用的大手笼。

---

① 法国在1778年与美国结成同盟，公开支援美国独立，反抗英国。

② 夫拉克，出现于十八世纪六十年代的男上衣样式，最大的特点是门襟自腰围线起斜着裁向后下方，是燕尾服的雏形。立领或翻领，袖子为两片构成，袖长及手腕。

英伦风条纹服饰

还有头巾！所有的女人无论穿什么都戴着头巾，巨大的头巾长长地拖在胸前，再紧紧地系住，在胸口形成一个可笑的突起。

从最鲜亮清新到最荒诞怪异，彩虹般的颜色在这些服装上应有尽有。在那些缎子、塔夫绸、呢绒上，有柠檬黄、玫瑰红、苹果绿、金丝雀橙；而各种纵横交错的格纹布、不同风格的平纹，有单色的，还有条纹的。1787年，条纹大肆流行，所有优雅女人和文雅男人的后背上都出现了条纹。这一年的夏天，无论男人、女人还是孩子，所有人都穿着条纹服装。

巨大的女士头巾

一位头戴礼帽的英国女士

发型也发生了演变，这时候的发型与后来十九世纪的发型已经有了相通之处，现代风格的礼帽诞生了。女人们还是扑着香粉，大量的头发围绕着脸蛋编入巨量蓬松的假发。按照女性假发的类型，有的是大大的假发卷垂到科尔萨基两侧和后背上，有的是在脑袋后面梳一个低垂的大发髻。

礼帽形状奇特，尺寸巨大，宽大的帽边和巨大的帽顶上荒谬地堆积着一些装饰品。人们不再把扬帆前进的驱逐舰放在头顶，取而代之的是一种倒置的帆船，船舷相当宽大，甚至可以充当雨伞。波奈特礼帽或半波奈特式礼帽虽然不是很宽，但却极高，装饰着饰带结、蜂窝状的褶裥饰边以及一束公鸡羽毛。塔班帽，这是一种土耳其近卫军式的条纹无边高帽，装饰着薄纱三角巾和羽毛饰。"国家钱柜帽"，这种帽子没有帽顶，就像一个没有底的篮子，恰如这个所谓的钱柜就像无底洞一样。"钻石项链事件"之后还出现了用麦秸编成的"红衣主教帽"，这种麦秸编织的帽子周围有一圈饰带，饰带的颜色是红衣主教的红色。博马歇[1]大

---

① 博马歇（Beaumarchais，1732—1799），法国杰出的剧作家，代表作有《塞维利亚的理发师》《费加罗的婚礼》等。

获成功后带来了许多有关费加罗的时尚，还出现了巴西勒帽[1]。还有马拉巴尔的绒线帽和蒙戈尔菲耶帽。最早的飞艇驾驶实验开展之后，出现了固定的地球帽和气球帽。然后出现了灵感来自三级会议的三阶层帽[2]……

大波奈特帽

大塔班帽

装饰飘带的女帽

大礼帽

居家帽兜

---

① 巴西勒（Basile），《费加罗的婚礼》中音乐教师的名字。
② 1789 年路易十六召开的三级会议是法国大革命的导火线。

十八世纪下半叶的时尚女帽

资产阶级女性

然而，在这个即将黯然谢幕的十八世纪，不仅有宫廷美人、城市美女和身份或略高或略低的夫人们，另外半个世界已然出现，她们就是赫赫有名的舞蹈家和美名远扬的花魁。这些时尚界的王后们向着隆尚前行，身侧伴有戴着塔班帽的高级侍从，高举着遮阳伞，前方还有一名穿着紧身服装、戴着波奈特帽、拿着手杖的开路人。

优雅的美人们追随所有随心所欲的创意，她们是身着时装的仙女。除了她们，还有可爱的小资产阶级女人们。我们能在古老的画像和回忆录中看到她们充满魅力和柔情的身影，并非像贵妇

宫装贵妇

人们一样被一团团羽毛和花边围绕。她们更加谨慎，尽管稍稍偏离主流时尚却更好地保持了古老的传统和老式的梳妆打扮。她们戴着漂亮的小头饰，而不是大堆的莱昂纳尔式饰物，这与外出时戴的用黄铜丝支撑的风帽更加相配；她们穿着剪裁更加简朴的罗布，帕尼埃远不到二十法尺，也没有花里胡哨的装饰。在那个肆意的一百年里，小资产阶级的女人们保留着良好的老式作风。她们的生活更加平静，活动范围更加局限：家庭消遣、简单玩乐、周日去教堂参加布道，以及不拘客套的聚会和愉快的郊游。

在阶级的融合与混乱中，在革命的大熔炉中，在政治变革以及紧随其后的工业革命和科学变革中，巨大的动荡将会把所有人带入本世纪狂热的、令人窒息的生活，这个时代即将宣告结束。然而，小资产阶级女人对即将到来的困难时代并不忧心，对从地平线上升起的可怕血云视而不见；依然快快乐乐、无忧无虑，在那小小的白色沙龙里，在羽管键琴面前哼唱着，从她嘴里飞出来的小调是那么温柔，完全不被复杂的音律约束：

　　　　爱情的欢愉只是一时，
　　　　爱情的痛苦却是一世。

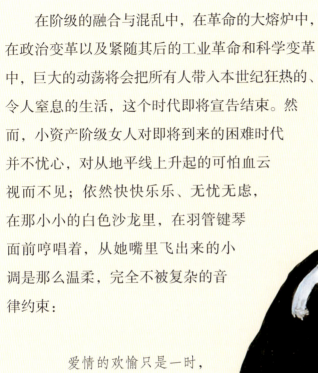

十八世纪的黑色礼服

X

法国大革命和
法兰西第一帝国

大革命时尚

　　在后来的二十五年里，革命风暴就像一场龙卷风，席卷了古老的欧洲大地，而在它的形成之地巴黎，早已刮了起来。它推倒、磨碎百年君主制国家，后者就像一座纸牌城堡或一座巴士底狱，即将坍塌在旧社会的残垣断壁之上。

　　在此期间，刽子手们拿着长矛走过被骚乱血洗的狂热街道，长矛顶端挂着砍下来的苍白头颅。在议会或公社的嘈杂声中，法国的新主人们决定着数百万人的命运。战争将生命变成

攻占巴士底狱

一具具尸体堆叠在一起，在暗淡的晨光中，在血迹斑斑的民众面前，举起双手宣战的是断头台上的新王后。

她凭着冷静的时尚思维用新的组合方式修改长裙和科尔萨基，以前所未有之举将饰带揉皱；她有着最新鲜、最有魅力的创意，发明出具有精致新意的田园牧歌风的装扮。一个新的国家难道不应该有新的服装吗？

法国大革命期间妇女参加爱国俱乐部

法国大革命中参与战斗的妇女

接受审判的
玛丽·安托瓦内特

奥林普·德·古热与朋友在一起

奥林普·德·古热（Olympe de Gouges，1748—1793）是法国江南代女权活动家，也是一位废奴
主义者，她于1781年提出了《女权宣言》，并在宣言中要求废除一切男性特权，但不幸的是她也
因此被送上断头台。她的"妇女和公民权利宣言"是革命性的，但很少受到关注。直到1970年，
随着现代妇女运动的开始，它才重新获得重视。

路易十六时期的最后几年，变革在平静的时光中孕育并加速发展。时尚走上了一条新路，正如人们说的那样，旧的社会制度和昔日服装中所有的特点都在一点点消失。

　　德比古的著名版画《公共长廊》描绘的是法国大革命初期优雅人群的多彩景象。在这些娇小情妇和花花公子们充满魅力的聚会中，根本没人关心这场伟大的悲剧。百年的服装演变和时尚大业还剩下什么呢？不过是几盒香粉和几顶对旧时光恋恋不舍的旧资产阶级头上的三角帽，仅此而已。

德比古的《公共长廊》

德比古（Debucourt，1755—1832），法国画家和雕刻家，此画绘于1792年。

女人们呈现全新的面貌。最初占上风的是英国时尚，即女式骑装中的夹克和长外套；后来，长裙的制作方式和布料也有所简化。在这越发艰难的时代里，永别了富贵的布料、丝绸和缎子，永别了往日那些令人破费的花里胡哨的装饰品！茹伊印花布[①]、印度布料和亚麻布代替了丝绸，女裁缝们多采用直筒样式，再加上极少的装饰和配饰。我们可以看到，用亚麻布做的衬衫式科尔萨基，从肘部开始露出胳膊；下裙非常简单，几乎是平的，穿的时候系上飘带。为了衬托这种极简风格，人们使用国旗颜色的丝带，在布料上印战利品和革命的象征，或是在半裙底端加上稀疏的褶饰。

人们仍然经常佩戴用平纹细布做的头巾。如果有重大的场合，人们会在服装的左侧靠近心脏的地方加上一束三色花，或佩戴上爱国首饰、类似纪念章或奖章的颈饰、铁质或铜质腰带扣、纹章、耳环，或是巴士底狱徽章、第三等级徽章[②]和宪法徽章，等等。巴士底狱风格，曾一度流行于包括礼帽在内的所有衣饰上。

法国大革命期间的时尚

① 茹伊印花布（Toile de Jouy），一种产自茹伊昂若萨（法国北部城市）的棉质印花布料，印花多为田园主题。
② 第三等级指除教士、贵族以外的法国人。这是法国的旧制度，第三等级一般没有封建特权并负担纳税和其他封建义务。

1790 年的法国女装

法国大革命时期的服饰

那些帽边宽大、饰带繁多的巨大圆锥形礼帽曾试图坚持下来，但最终还是消失了。很快，除了普通波奈特帽之外，还出现了大大的装饰着绉泡缎带的波奈特帽、与科地区①的帽子有点相似的波奈特帽；尤其是出现了田园风格或挤奶女工风格的波奈特帽；还有大花边的漂亮帽子，如今我们称这种帽子为夏洛特·科黛式波奈特帽，上面缀有宽大的三色旗。

白色的发粉几乎不再被使用，人们开始使用黑色的了。头发的颜色都回归了本来面貌，不过，金黄色假发的浪潮就要到来了。

然而很快，风暴来袭，这就是大恐怖时期。还能再谈论奢侈的小饰物和时尚话题吗？优雅的女性正在逐渐减少，她们成百上千地进了修道院，进了拉福斯②，或者去了科布伦茨③——她们藏匿起来或已经死去。出于谨慎或因为根本没有心思打扮，每个人的着装都极为简单。然而就算这样，男人和女人们仍无法自保，动辄就会被推上断头台。

"暗杀天使"夏洛特·科黛

法国大革命恐怖统治时期的重要人物夏洛特·科黛（Charlotte Corday，1768—1793），她支持温和共和派，反对罗伯斯庇尔。因策划并刺杀了激进派领导人马拉而被逮捕处决。她也因此得到"暗杀天使"的外号。

---

① 科地区是法国诺曼底的一个传统地区。

② 拉福斯监狱，位于巴黎的一座监狱，前身是拉福斯公爵的宅邸。

③ 科布伦茨，德国城市。在法国大革命期间，贵族保皇党人士多流亡至此。

塔列朗①曾经说，没有在旧时代生活过的人不懂活着的美好。但在1793年，最重要的问题是活下去，无论怎样活都好，如果需要的话，藏进老鼠洞里都行。在幸福和闪光的日子里生活过的人们躲进僻静小巷深处的房子里，试着忘却狂暴的革命飓风和街道上的纷乱嘈杂，忘却报纸上和俱乐部里可怕的叫喊，这些人是多么勇敢啊！

但是，在无套裤汉们面前，有这么一小撮人，他们坚持高高地、坚定地举起优雅的大旗。这些勇敢的男人和女人依然会身着优雅的装扮，走上街头，走进散步场所，走进坚持上演节目的剧院；他们无视那些戴着红色波奈特帽、唱着卡马尼奥拉歌的公民和坐在断头台前织毛衣的悍妇们。但是，这得冒多大的风险呀！

热月圣母

时尚不敢再作顽抗，贫穷把它的头藏在自己的双翼之下并目光炽热地望向天空：它们在期待某种光亮。断头台仍在使用，只是时不时会暂停，例如在某些田园节日、宗教节日、农业节日或老年节日，有一些身着白衣的年轻女孩打扮成女神，还有由少年和老人组成的唱诗班，他们吟诵着充满魅力的田园诗，上演着温柔地撼动善良的马拉和感性的罗伯斯庇尔心灵的戏剧。鲜血上洒满干燥的沙子，而第二天红色的血河又开始流淌。

热月九日！

在女公民泰雷兹·卡巴吕这颗即将冉冉升起的新星那双美丽的眼眸里，塔利安对所有人被吊死都采取无视的态度。这一次，他把罗伯斯庇尔推进断头台女神那无情的双臂里！

---

① 塔列朗（Talleyrand，1754—1838），法国政治家，在从路易十六到奥尔良王朝的先后数届政府中均担任过高阶职务。

塔利安夫人成为热月圣母，被美丽这个至高无上的权利拯救！

法国放松地舒了一口气，一口长长的气，突然之间，那曾被压制、被恐吓的优雅从地底下冒了出来，它带回奢华，带回俗丽的装饰，也带回了疯狂和嬉戏。在那么多的鲜血和眼泪之后，人们对这一切欢乐之物的需求是那样地强烈。

"热月圣母"泰雷兹·卡巴吕

泰雷兹·卡巴吕（Thérésa Cabarrus，1773—1835），热月革命时期让-朗贝尔·塔利安（Jean Lambert Tallien，1767—1820）的妻子。她在塔利安因温和政策被罗伯斯庇尔指责时，陪同丈夫前往巴黎辩护，却被罗伯斯庇尔关进了监狱。热月九日，即1794年7月27日，塔利安将她从监狱中释放出来。此后，泰雷兹就积极投身政治，也因此赢得"热月圣母"的绰号。

奇装异服的年轻人和着装复古的时髦女郎

在大恐怖之前就已经出现奇装异服的年轻人和穿古希腊罗马服装的时髦妇女，突然之间挤满了散步场所和大街小巷。时尚曾被罗伯斯庇尔的政策弄得晕头转向，由于不安而满面苍白，现如今却迫不及待做出成千上万个荒诞不经的创意之举。

衣着奇特的年轻人有一个不错的名字——"难以置信派"，除了他们，还有金色青年①花花公子，他们的衣服上有大大衣领，打着宽大的克拉巴特结，手中必有短粗的木棍，用来和雅各宾派、主张恐怖主义的大兵打斗。他们在对英国时尚的模仿中寻找灵感。而那些穿古希腊罗马服装的时髦妇女呢，她们则醉心于复兴古希腊罗马文化。在数年的时间里，看不到巴黎女人，只看到希腊女人和罗马女人。

不显身材的狭窄长裙，仅系着一条腰带的简单裹胸女裙，正面短、露出双脚、后面稍长的罗布，以上就是这个时期时髦女郎的服装。人们只懂得欣赏古希腊罗马的风格，这大概又是一次时尚的轮回。

时髦的女装

---

① "金色青年"是法国资产阶级革命时期的反革命青年匪帮。

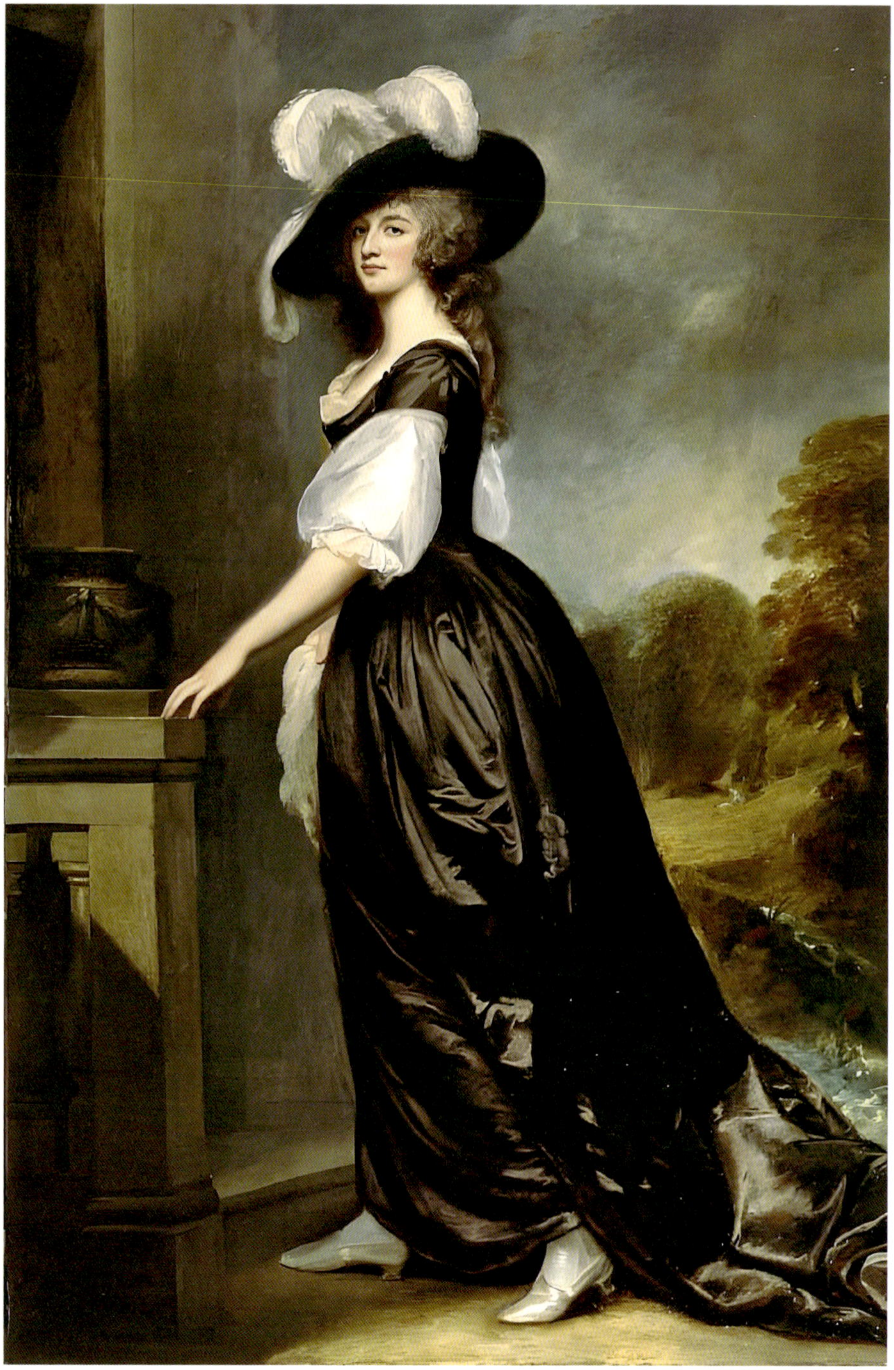

1790年的流行女裙

透明的复古式罗布

在大恐怖这段灰暗的过渡时期，人们忘记了腼腆害羞。这种雅典式罗布简单得就像第二层衬衣。首饰可以消失了——在这个毁灭的时代，一个金路易只值八百利弗尔。这种罗布成为贫穷的象征，这种用上等细麻布做成的长裙被女人们穿着，哪怕稍稍一个微小的动作，都会贴到身上。高贵优雅的女人们，几乎都穿着两侧没有从髋部开口的半透明长裙。

泰雷兹·卡巴吕成为塔利安女公民、热月圣母，她就是时尚界的王后。她在弗拉斯卡蒂出现，穿着这种半透明长裙，或者更确切地说，她就没怎么穿衣服：她的雅典式罗布侧面开口，露出穿着肉色紧身裤的双腿；没有穿袜带和古式厚底鞋，而是在脚腕上戴了金环；雕塑似的双脚，每个趾头上都戴了戒指。

塔利安夫人的雅典时尚

在沙龙、夏日的花园、散步场所里，所有女人穿的都是两侧开口的复古式罗布，搭配着迦太基式修米兹或根本不穿修米兹；脚上穿着凉鞋或系着红色细带的厚底鞋，戴着装饰了宝石的金环；长裙和无袖上衣在胸部以下两指处由一条亮闪闪的腰带束住。飘动的罗布露出双腿，甚至还有另外一种两侧不开口的罗布，裙摆卷上去，用一块浮雕玉石吊在膝盖以上的位置，清楚地露出左腿。袖子非常短，就是肩膀处加个简单垫圈；或者根本没有衣袖，仅有系住长裙的浮雕玉石肩带；手臂上戴着很多镯子。

由于这种裙子作料极轻薄，没办法在上面缝口袋，女人们采用了一种小手提包；又因为它的名字与"可笑"这个单词非常像，很快人们就叫它"可笑"了。这是一种装饰着亮片或刺绣的小包，形状大多与匈牙利骠骑兵挂在马刀旁边的小扁皮袋类似，女人们把这种小包拿在手上，里面装着她们的零钱袋或手绢。

藏书家雅各布讲过一个故事：

匈牙利骠骑兵式礼帽

第二骠骑兵团少校

拿破仑的法国军队中约有1/6的部队是骑兵，这些骑兵又被划分为胸甲骑兵、龙骑兵、骠骑兵等，其中骠骑兵以华丽的服饰著称。图中的骠骑兵少校穿着标志性的左肩垂下斗篷式短外衣，他的右前方则放着沙科筒帽（shako），这种帽子自1803年开始被法国骠骑兵使用，帽子顶端有不同颜色的绒球，代表不同的中队。

在督政府时期的一个时尚沙龙里，一套古风浓浓的服装让人们赞不绝口、为之倾倒。人们纷纷表示再也没有比它更美的衣服了，这就是人间天堂中的时尚。穿这套服装的时髦女郎打赌说，她这套衣服连两法磅①都不到。为了验证自己的话，这位夫人走进一个小客厅里更衣，而她脱下的全部服装加上首饰，才刚刚超过一法磅。

这位穿着雅典风格服装的夫人可能会认为自己着装相当齐整了，因为其他人穿得更少。她们衣着大胆，甚至可以说是敢于展示，服装领域对这种风格的用词是"野性"。"野性"风格的服装款式十分简单，因为它仅由一件薄纱修米兹和一条玫瑰红色紧身衬裤组成，再加一串金环装饰。

在香榭丽舍大街漫步的女人们穿着几乎完全透明的女服，胸部几乎完全裸露，可她们根本不是什么妓女，而是良家妇女，是约瑟芬·波拿巴的朋友！与其说这是不端庄，不如更准确地说是无意识。人们进入疯狂的状态，在猛烈的疯狂之后，是对寻欢作乐和流血事件的狂热！

对断头台毫不畏惧的时髦女人们，对疾病也同样无畏。然而，当疯狂的她们跳完舞走出舞会、走出沙龙、走进寒冷的夜色里，几乎全裸的双肩上仅披着一条窄窄的围巾或大大的肖尔②，胸膜炎和胸部肿痛便向她们袭来。

1794年雅典风格的女裙

① 一法磅约等于2.2千克。
② 肖尔，长、大且厚的披肩，能够把上身包起来。面料因季节而异，有毛皮、呢绒、毛线、丝绸等。

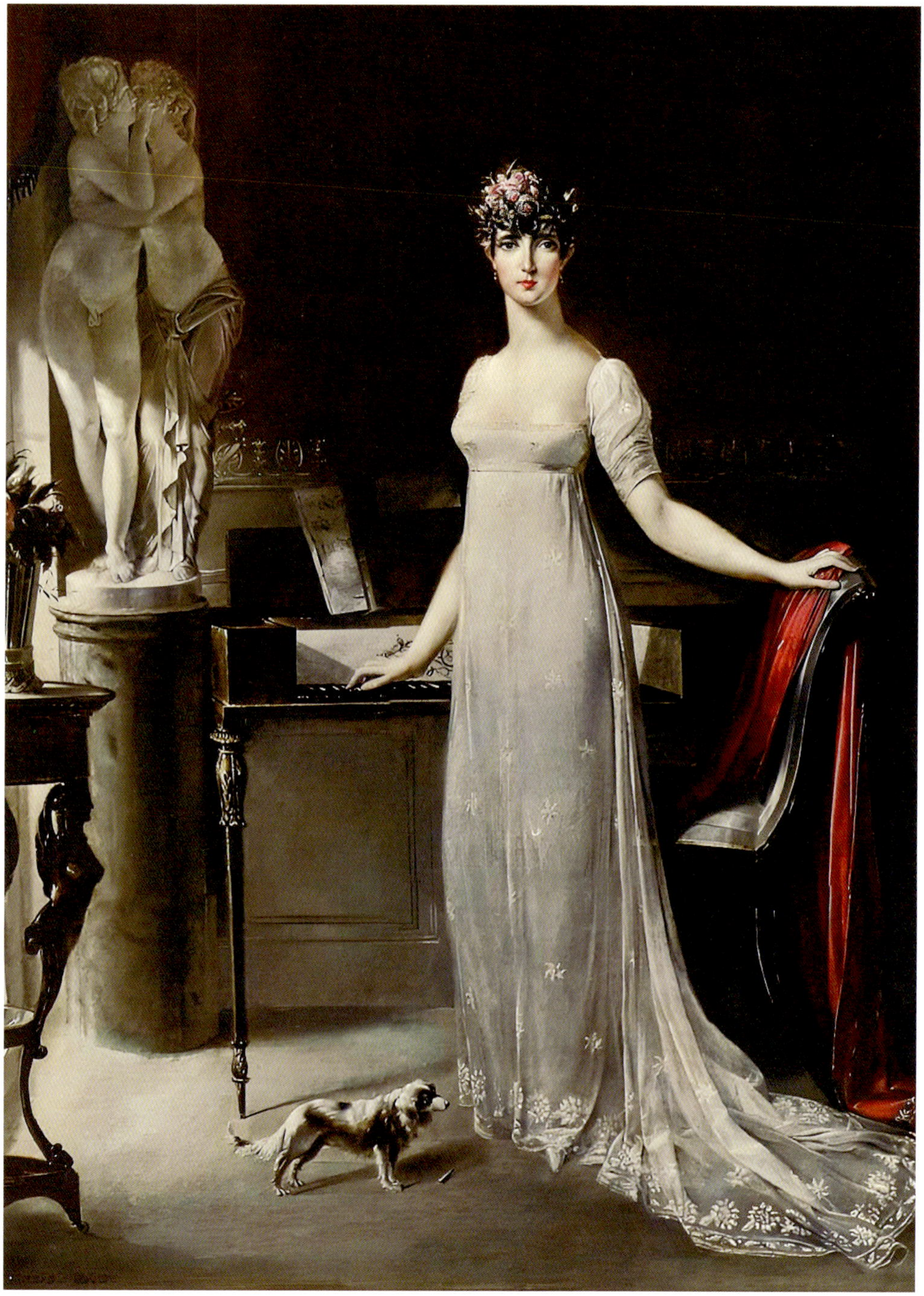

几近透明的低胸长裙

受害者舞会

这些半裸的、模仿雅典时尚的时髦女郎，也通过希腊雕塑模仿雅典式发型。她们将微微卷起的头发放进网兜里；或梳起辫子，在发辫里插进珠宝。但更为流行的是金色假发。塔利安夫人的假发有三十种不同的金色。这些略施香粉的金色假发被雅各宾派厌恶和禁止；热月之后，它们获得胜利并成为反革命的象征。

受害者发型或牺牲者发型也迎来了它们的高光时刻。人们把头发从后面撩起来翻到前面，梳成不规则的发绺搭在额头上；和断头台发型搭配的补充元素是在脖子上戴一条刺目的红色缎带和在双肩上搭一条红色披巾。这些是进入著名的以死亡为主题的受害者舞会的必要装扮。男人或女人只有证明自己有某位在大恐怖时期死于断头台的直系亲属或近亲，才会被允许进入受害者舞会。

一位脖系小丝巾的女士

时装裁缝南希夫人和兰博夫人是见识非常丰富、特别有鉴赏力的女帽缝制者。她们借助雕塑确定服饰的样子，使衣服披盖在身上的样子更彰显希腊风、衣裙上的褶皱更具有罗马风。对于她们的每一项精美仿古新发明，那些奇装异服的年轻人们说：有了"受害者"这个荣誉勋章，夫人们放飞自我了！

佛洛拉式或狄安娜式的长裙太过透明了，透得有点吓人，于是夫人们则采用了不那般轻盈的罗马时尚。穿罗马风格罗布的是正经世界的女人，她们自认为穿着比较含蓄，但其实两个世界并没有明显的分界线。轻快浅薄的雅典风女人、旧社会的残余、新社会的暴发户、军火商或一夜暴富的投机商人、花花公子、名媛小姐、受害者、刽子手、金发年轻人、军队官兵、政治人员、金融家，在大动荡之后，所有这些人组成了最令人难以置信的混合体。尽管当下苦难重重、未来模糊不定，在经历了大屠杀之后，所有人都沉浸在幸福的欢乐中忘乎所以。

提图式发型

突然之间，时尚宣布金色假发终结，所有的优雅女人都要梳提图式发型；督政府时期的美人们扔掉了厚重的假发，还奉上了她们自己的头发。女人们几乎没有头发了，她们能留多短就多短！

梅桑热[1]在《端庄优雅》中说："提图式发型是时尚的官方指导员。这种发型齐根剪短，这样发茎就能保持原有的硬直，从而向着垂直方向生长。"时髦女人和花花公子们全都理成了提图式发型，都是平头，仅有几绺特别长的头发搭在前额上。

督政府时期，在穿希腊、罗马服装的时髦女人中还有另外一种类型：她们曾出现在卡尔·韦尔内[2]的画作中，穿

提图式发型

---

① 梅桑热（Mésangère，1761—1931），牧师，《贵妇与时尚》杂志编辑。
② 卡尔·韦尔内（1758—1835），法国版画家，也是优秀的军事家。他是拿破仑的御用军事画家。

得也很少，仅一条贴在身上的衬裙，衬裙的颜色被称作"受惊的苍蓝色"，科尔萨基小得几乎看不到，胸口裸露，但是脖子处却像优雅的花花公子一样，围绕着褶皱层层的大克拉巴特，显得耸肩缩颈，脸蛋两侧是像狗耳朵一样耷拉着的长发绺。

这就是我们这个世纪最初期的优雅女人们的衣着和发型。执政府和第一帝国时期，她们继续保持希腊罗马风格的时尚，穿得比督政府时期多一点——但多得也有限。

督政府时期的女装，显得人耸肩缩颈

狗耳朵般耷拉的发绺

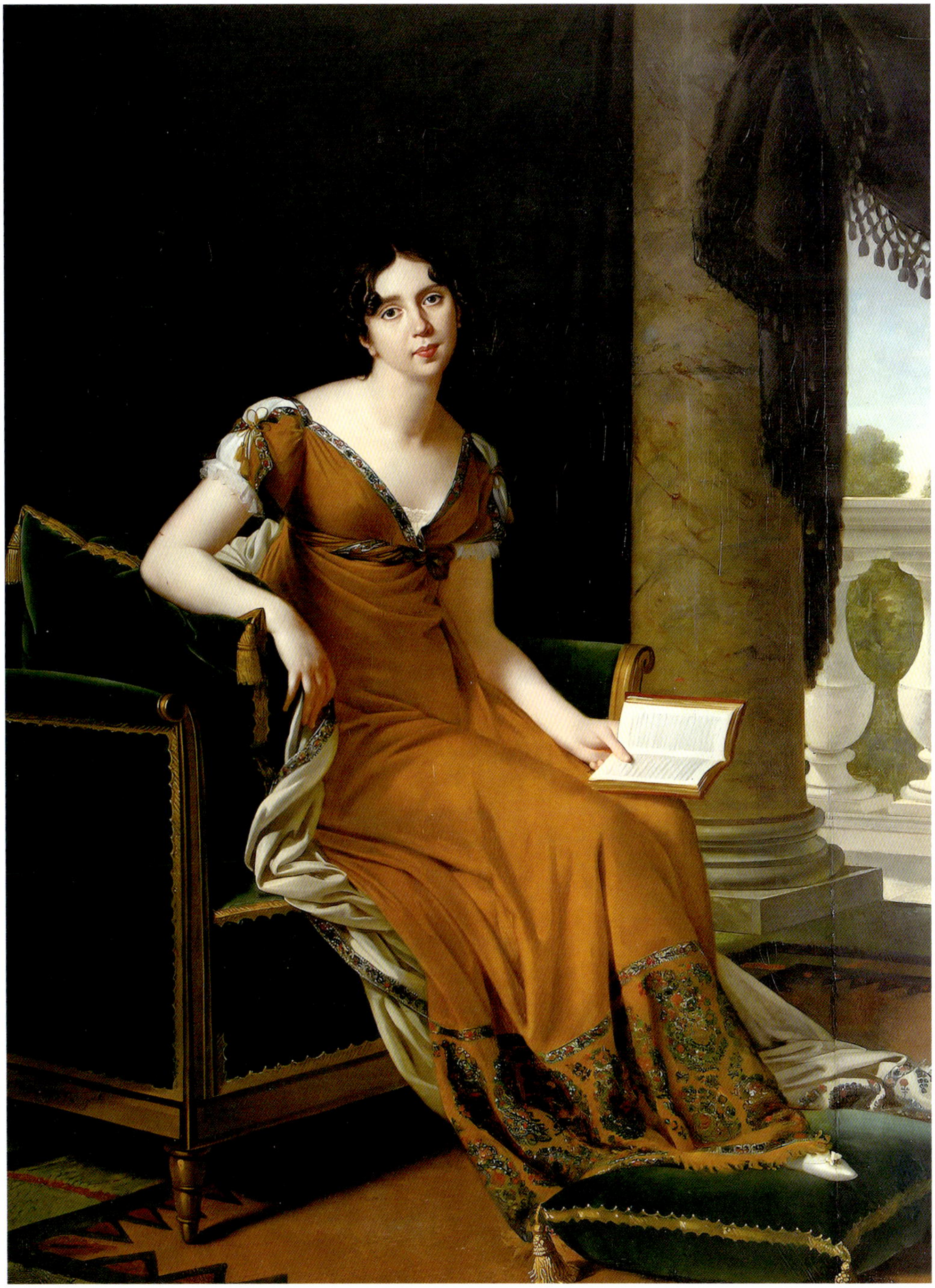

法兰西第一帝国时期的复古风尚

披肩与夹克

　　还是一样的罗布，布料多是透明的；无论季节如何变换，袒胸露肩始终如一。彼时，街上的女人们就像今天酒吧里的女人们一样露着胸脯、光着双臂。这是她们的战场。为和寒冷作战，她们披上披巾、肖尔——这就是著名的开司米披肩的起源，它在我们这个世纪的上半叶扮演了极其重要的角色。人们发明出特别的服装，比如，在袒胸露肩的科尔萨基外面穿上匈牙利轻骑兵式小夹克，肩上围着皮草；或斯宾塞式夹克——它的款式不甚优雅。大卫笔下的约瑟芬·德·博哈奈和热拉尔的名作里，舒展身体躺在古董沙发上的雷卡米耶夫人不像是距离我们不到百年之前的法国女人，倒更像是两位王政时代[①]的古罗马美人。

　　执政府时期，沙龙里的优雅贵妇们，一边转圈、一边唱抒情歌曲，或装扮焕然一新、同帅气的特雷尼茨[②]一起跳加沃特或华尔兹的巴黎美人们，她们的着装与两位夫人如出一辙。

1800 年流行的绑带小夹克

---

① 王政时代（前753—前509），是古罗马从公社制度向国家过渡的时期

② 特雷尼茨（Trénitz，1767—1825），是法国大革命时期和第一帝国时期的一位舞蹈导师。

1803年或1804年，提图式发型不再流行，变得又过时、又土气。然而口味虽然变了，头发却不会马上长出来。夫人们开始怀念她们美丽的金黄色、褐色或红色发辫，只好求助于头环或假发，重新做出大大的环形鬈发或发辫盘出的伊特鲁里亚式发髻。

女装开始变丑，似乎时尚也被征服了，它把所有优雅的设计都留给了为大帝和国王奔走、横扫欧洲的轻骑兵，只为装扮在大炮前作战的军人的漂亮军服和所有士兵的刺刀，如装扮饰带、刺绣、绦子、羽毛以及镶上金边。

在弗拉斯卡蒂的沙龙中、在蒂沃利的花园里，执政府时期的美人

1800年的红色连衣裙

们穿得极为放肆，她们穿着飘飘荡荡的透明长裙，这种雅典式创意是那样大胆。如果今天您看到这些女人或她们的姐妹这样穿，您会说什么？对于这些她们称之为罗布的不雅口袋、可笑的裹身服、像灯罩一样的礼帽、跟车顶棚似的帽檐，您会作何感想？

男人们的时装也好不到哪儿去，谁不愿意穿就入伍去当轻骑兵吧！男装本就难看，还随着时间的推移越变越丑。

但是女人呢？这是1810年一位优雅女士的样子：

　　首先是半裙——科尔萨基极短，半裙几乎就是服装的全部——用细棉布或非常普通的布料，从双臂处开始，以一种不甚优美的方式垂到脚尖，或者就到高帮皮鞋上面。半裙下部笨拙地装饰着几处褶皱，四五排锯齿状饰边和几层镶边。

　　由于几乎没有科尔萨基，所以腰带系在胸部。罗布无袖，双臂裸露，仅在肩膀处有两个垫肩，双肩也袒露在外。人们穿绣花无袖女式胸衣，或戴由很多层管状褶裥堆叠起来的绉领。这是衣饰中唯一一个优雅的元素，由于人们常常把绉领弄得很厚，因此与其说装饰，不如说是让人显得耸肩缩颈。

1800 年的克什米尔披肩

筒状军帽式帽子和小波奈特帽

    这一时期的礼帽大多数较为滑稽。

    由于所有的创意都围绕着军队和战争，所以夫人们除了穿戴非常具有巴洛克风格的衣物和饰品外，有时候还要戴上一个像头盔一样的玩意儿，上面装饰着羽毛或花环，形状和筒状军帽一样；甚至还能看到真正的头盔，名为"克洛琳达"，其创作初衷是令人联想十字军东征时骑士们的头盔。

法兰西第一帝国时期的士兵服饰

有一段时间，小波奈特帽再度流行，另外还有装饰着花边的孩童式小发箍，它为夫人们增添了天真无邪的孩子气。但最为盛行的是带撑边的大礼帽：帽檐向前方长长地伸出去，脸蛋深深地藏在礼帽的骨架里。在这种带撑边的大礼帽中，有的还有高高的帽筒，甚至比国王的军队戴的最高的筒状军帽还要高。对女人们来说，藏在这样的大礼帽下面，若想获得所有在两次胜利征战之间回来的、散发着耀眼光芒的军官的喜爱，并迅速用炙热的目光点燃他们的心，那得有实实在在的美貌。

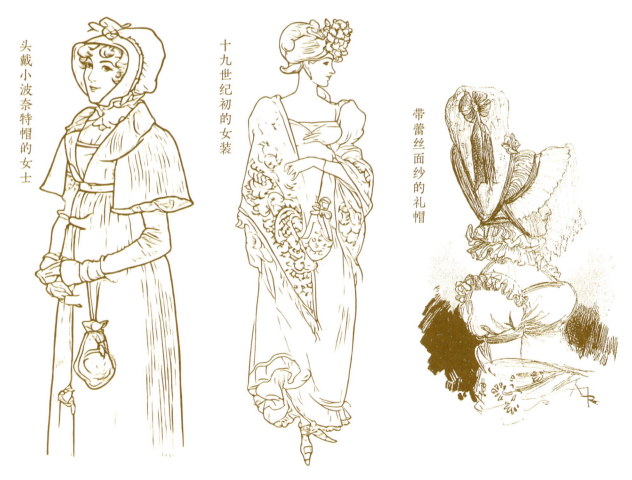

头戴小波奈特帽的女士

十九世纪初的女装

带蕾丝面纱的礼帽

有舞会或晚会的时候，平民隐身在会客厅黑暗的角落里，帅气的军官们在人群中穿梭，女人们不再是前一段时间那种穿希腊罗马服装的胜利形象，而是改走天真纯洁、羞涩的路线。美人们的半裙极短，装饰着花束，露出小腿和厚底鞋；此时漂亮的塔利安式古风厚底鞋已经不再流行，风靡的是另一种皮质厚底鞋，由一条细带系在脚踝上。

第一帝国时期的美人们是穿着直筒罗布的梦想家玛尔维娜，她们挤在莱茵河的彼岸，将发辫堆积在头盔样式的礼帽之下，或者将所有的头发朝天空的方向梳成中国式发型。

十九世纪初的女装

塔班帽

一本正经的女人们戴起了土耳其式塔班帽，就像《头裹缠巾的斯塔埃尔夫人》这幅著名的画作一样。沙龙里挤满了这种土耳其皇帝后宫姬妾打扮的巴黎女人，她们的发型也充满魅力。除此之外，一张漂亮的脸孔、一双或活泼明快或慵懒迷离的眼睛还会传达出什么信息呢？

很快，塔班帽的尺寸变得很大，上面装饰上了薄纱、各色三角巾和羽毛，在王朝复辟时期成为成熟夫人们、妈妈们、继母们的专用品，为她们的形象增添了荒谬的喜剧色彩，当我们从昔日的雕刻作品中看到的时候常会忍俊不禁。

《头裹缠巾的斯塔埃尔夫人》
该画由玛丽·埃莱奥罗尔·戈德费鲁瓦创作。
斯塔埃尔夫人（Madame de Staël，1766—
1817），法国小说家、书信作家。她是拿破
仑的主要反对者之一，口才伶俐的她积极参
与当时的政治和知识生活。

东方风格的罗布和塔班帽

第一帝国时期的女帽

服饰的线条已经不算优美，视觉效果又窄又挤的斯宾塞式夹克、沉重的加立克大衣，缀着皮里子的鲁丹郭特，又给人什么感觉？皮草非常流行，人们的各种衣服都用卷毛羔皮、貂或紫貂皮来做，人们穿着大大小小的皮袄。穿着打扮如此奇怪，所有女人的服装都像是通过运用几个世纪里的元素与她们的母亲在十八世纪的艳丽装扮划清界限，她们生活环境里的装潢与洛可可风艺术家和画师发明的一切大相径庭。

大尺寸塔班帽

我们是在法国还是在希腊，或是在埃及、伊特鲁里亚、巴尔米拉？我们生活在哪个世纪，基督纪年的十九世纪还是早些时候？从督政府时期开始，古式装潢闯入了人们的生活，以柏西埃和方丹为代表的从罗马归来的建筑师们将流行的个性带入了巴黎和各个宾馆，并很快传入资产阶级家庭。

十九世纪初的女装和女帽

在柏西埃和方丹之前，人们就开始穿希腊罗马风格的服装，由此看出服装领先于建筑，并影响了一种风格的产生。

还有比希腊寺庙似的或内部装潢如伊特鲁里亚陵墓一样的小沙龙更优雅的吗？壁炉上的装饰是丧葬风格，模仿庞贝的三角家具，象牙椅，不舒适但装饰着狮子、天鹅或丰收角①的扶手椅，由狮身人面像守护的床，装配着双刃剑的五斗橱，墓碑或祭台形状的小床头柜，庞贝风格床头柜，等等。到处都是僵直的线条、冰冷的饰物，到处都是伊特鲁里亚或希腊风格的棕叶饰和绶带饰，在远征埃及将法老土地上的元素引入时尚以后，甚至出现了埃及风格的图案花样。在这些僵直坚硬的形状里，在这严肃、庄重、古老、散发着一种极为盛行的阴郁之气的无聊氛围中，若想活得自在，应当有多么广阔的、快乐的内在精神之源啊！

十九世纪初的贵妇

十九世纪初的时尚发型

---

① 丰收角，指级满花果的羊角，象征丰收。

XI

王朝复辟时期
和七月王朝

王朝复辟时期和七日王朝

　　在王朝复辟时期，第一帝国那既不美观又不优雅的时装随着年景的流转逐渐转变，有了些许优美的样子，可能是因为时尚不再把全部的心思和创意资源都用在法国军队那些漂亮的骠骑兵和光芒耀眼的副官身上了。

　　女性的品味重获新生，服装会一直向前发展，摒弃僵直和优柔寡断，时而尺寸变大，时而分量变轻，从1825年开始，历经十年的时间，重新魅力十足。

波旁王朝复辟时期宫廷礼服

波旁王朝复辟时期

从1814年拿破仑一世首次退位到1830年七月革命为波旁王朝复辟的历史时期。这一时期的两位国王，路易十八和查理十世都是路易十六的弟弟。

优雅可爱而又讲究、精致的独创力、柔和自然的雅致之风、美丽起伏的裙摆、时髦又合适的发型——这一时期的时尚确实令人赏心悦目。1830年的女人有权选择过去最有魅力的形象，唤起人们对往昔时尚的追忆。之后，当可怜的十九世纪和其他东西一起滑入深渊时，唉，那个时候就已经隐约地预示了，这时的美人们也将成为祖母和外祖母，当我们回忆起我们这个世纪的女性时，代表前五十年女人们的是1830年的扮相，代表后五十年女人们的则是1890年的时尚。

十九世纪三十年代的服饰

王朝复辟第二阶段指在拿破仑一世于1815年3月20日—7月8日间短暂夺回权力以后的第二次波旁复辟。七月王朝又称奥尔良王朝。1830年7月27日，七月革命爆发后，波旁复辟结束；8月9日，奥尔良家族的路易-菲利普上位，人称"法国人的国王"。七月王朝只有这一位国王。

　　这是美好的时代。出自时人德韦里亚[1]、加瓦尔尼[2]和其他人之手的画作可以印证，从王朝复辟时期的第二阶段到七月王朝初期，从1825年至1835年之间，在思想和艺术的大革新之际，女人的衣饰多么雅致。

　　啊！这时的女人们，我们认识她们，比起其他任何时候的女人来，她们让我们更感兴趣。因为她们的形象不再是模糊的、被流逝的时光晕化开来的。她们变成了我们认识的慈眉善目、举止迷人的老妇人，脸庞周围依然像往日一般环绕着发丝，但如今的发丝是白色的，从前曾经活泼快乐的眼睛上如今戴着眼镜……

　　第一帝国没落之后，英伦风在数年之中风靡于时尚界，还带着些许的哥萨克热。那时的巴黎时尚就是对伦敦时尚的模仿，但它逐渐从中分离出来，经过反复不断地摸索，最终演变出非常漂亮的服装和饰物。

---

① 　德韦里亚兄弟均是这一时期的著名画家，这里不清楚作者具体指哪一位。

② 　加瓦尔尼（Gavarni，1804—1866），出生于巴黎的法国插画家。

灯笼袖和埃尔博夫人式礼帽

　　这几年中，第一帝国时期的长裙或伞式紧身长裙仍在流行；科尔萨基做了些改动，腰线下移；还试着做出了灯笼袖；不同优雅程度的奇形怪状的礼帽依然很大，脸孔往往都深藏在礼帽的轮廓里。

　　沉寂之后，在宫廷中、在恢复昔日辉煌的沙龙里，在前二十五年我们未曾有过的宁静与安逸中，盛大的奢华正在回归。沙龙不再是不满者的小型聚会；当人们在两局惠斯特牌的间隙简单闲聊时，话题也不再永远围绕皇帝最近的胜利或失败。时光匆匆流逝，让我们从神奇的魔灯中重新拾起几块玻璃画。它们描绘了王朝复辟时期的优雅女人、诗情画意的美人、七月王朝时期的时髦女人。

王朝复辟时期的优雅着装

白色的那不勒斯长裙，有宽大的缀着黄色镶边的裙摆，肩膀上搭的披肩也缀着同样的镶边；灯笼袖，这种袖子和"大象袖""傻人袖"一般皆是刚刚面世就盛行起来；绲边的领子和用秸秆编的大礼帽，上面装饰着缎子饰带和大片的羽饰。根据当时的编年史和小说记载，所有的女人都戴着埃尔博夫人式的礼帽（一种装点着大花束的装饰性大礼帽），手臂上都戴着长长的手套，穿着无袖胸衣和格子花呢半裙。她们的宽大裙子上装饰着绉泡饰带、薄纱、缎子蝴蝶结、镶褶和蕾丝做的镶边嵌线。

蕾丝和鲜花装饰的礼帽

披　肩

在高雅晚会上如梦如幻地弹奏竖琴的夫人，肩上披着一条横纹薄纱披肩，或戴着一顶大大的贝雷帽，衬托着她那诗意的脸庞。从沙龙里出来的时候，她要么把自己包裹在一件圆形斗篷里，要么从锯齿边、有着大大衣领和皮毛里子的呢绒大曼特中挑选一件为自己裹上。而她的先生呢，则将头发打理成卷曲的小绺，穿着装饰了金纽扣的蓝色阿比①和紧身庞塔龙，披着加立克大衣。

着丝质刺绣披肩的淑女们

---

① 阿比，十八世纪初究斯特科尔改称阿比，收腰，下摆向外张，呈波浪形，衣摆中加进马尾衬和硬麻布或鲸须。前门襟仍有一排纽扣，材质、大小、造型及图案富于变化，不过常用宝石。

在夏日里，去郊游或散步时，或去蒂沃利[1]见巫师时，女人们穿着带薄纱褶边的软呢坎肩，戴着用宽宽直直的丝带装饰的大草帽。天气凉下来的日子里，去剧院或出门时，女人们开始使用皮毛长围巾。这种皮毛长围巾的流行最近刚刚回归，有了它，女性的一举一动显得异常美丽：如蛇般围绕在赤裸肩膀上的皮草，温暖而又妖娆地衬托着娇嫩的肌肤。

丝带装饰的大草帽

长颈鹿时尚

1827年，为了庆祝第一只长颈鹿来到植物园，长颈鹿式的时尚元素风靡一时。在这些长颈鹿时尚中，留存下来的是立在头顶上发型最高处的玳瑁梳子。这种发型通常被打理得非常高，头发向上梳成很多个紧实的贝壳状发卷，脸庞周围也有发卷垂落，两侧分配的发卷数不规则，例如，一边三个，另一边四个……1830年，身着晚会装的优雅女子是迷人的，她的衣服上有此时大肆流行的灯笼袖，双肩从精美的蕾丝中露出来，颈背袒露；她的发色是金黄色或褐色的，发量很多，绞扭起来聚集在头顶，玳瑁梳子插于其上。

在街头巷尾，在大道上，在散步场所，在香榭丽舍大街，女人仍然穿着袒胸露肩的衣服，披着小披肩。她们的披肩不是用来遮盖身体的，而是为了增添一抹风情。

---

① 蒂沃利，1795—1842年位于巴黎的游乐园，是巴黎上流社会喜爱的娱乐场所，内有木偶戏、魔术表演、哑剧、烟花表演等。

十九世纪二三十年代的长颈鹿时尚

大礼帽和波奈特帽

王朝复辟时期的大礼帽

让我们再说回帽子，它的重要性并没有减少，甚至可以细分成几个小节专门来说：骑士风格或奥西安式的无檐贝雷帽、波奈特帽和塔班帽，最后是大礼帽。女式大礼帽，值得一位诗人庄重地歌颂它的高贵、悲泣它的衰落。从波旁王朝复辟时期直到1835年都是大礼帽的荣耀和胜利的时代；它骄傲地笼罩在夫人们的头上，舞动着羽毛，优雅地摆动着缎带、蝴蝶结和宽大的缎子结。

从第一帝国时期顶部呈喇叭形的高帽子和沙科桶帽[①]开始，帽子就被做成一个筒，把脸孔藏在黑暗筒身的深处。后来它一点点改良，逐渐变宽、敞开。从前，人们将它直立着驻扎在头顶；如今，它乖巧地被安放在不规则大发卷的头发侧面。颈背十分巧妙地袒露出来，因为裙子的领口开得极低，漂亮的绲边翻领从不高高立起，所以双肩就可以展露在大礼帽的阴影里。

这是大礼帽的辉煌时刻，但它的没落很快便到来了。

卷拢的或做成狭长通道样式的帽檐又出现了，人们去掉饰带和羽毛装饰，将脸藏在狭长帽檐深处、将脖子藏在又大又不雅观的巴宝莱帽下面。人们进入巴洛克式、不优雅的创作之中，直到第二帝国时期出现合拢式的女士小帽和1867年可笑的盘子帽。但是，相反的创意开始出现，我们在最后的几年里得以见到真正优雅的帽子。

---

① 沙科桶帽，有檐平顶筒状军帽。

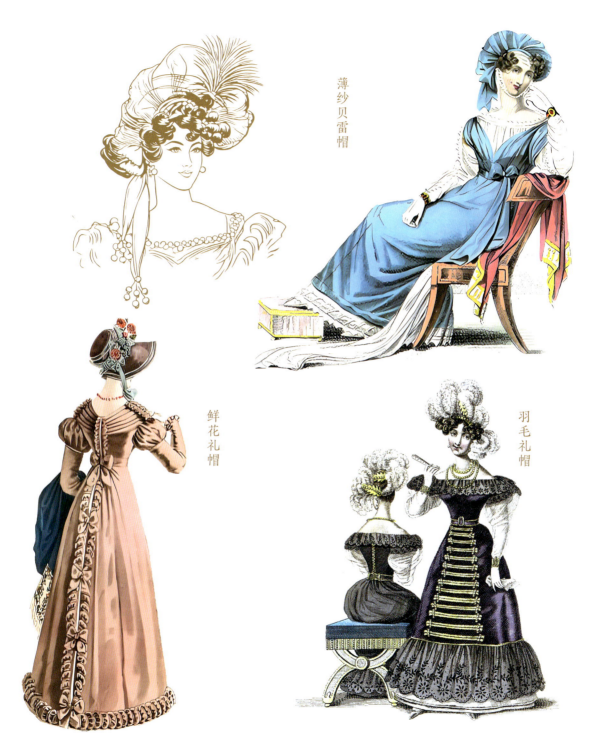

薄纱贝雷帽

鲜花礼帽

羽毛礼帽

那时候的女人，私下里并不抵触戴风情万种又皱巴巴的波奈特帽。这种波奈特帽与大礼帽一样大，帽底高高撅起，方能扣住大梳子以及在头顶和鬓角发卷周围装饰着花边和饰带的凌乱头发。这是波奈特帽最后的优雅时段，之后，唉！看不到好看的波奈特帽了，诺曼底的女人们戴的是庄严肃穆的汉宁帽，布列塔尼地区的女人们戴的是各种各样飘来飘去的头巾。

外出的大礼帽

居家的波奈特帽

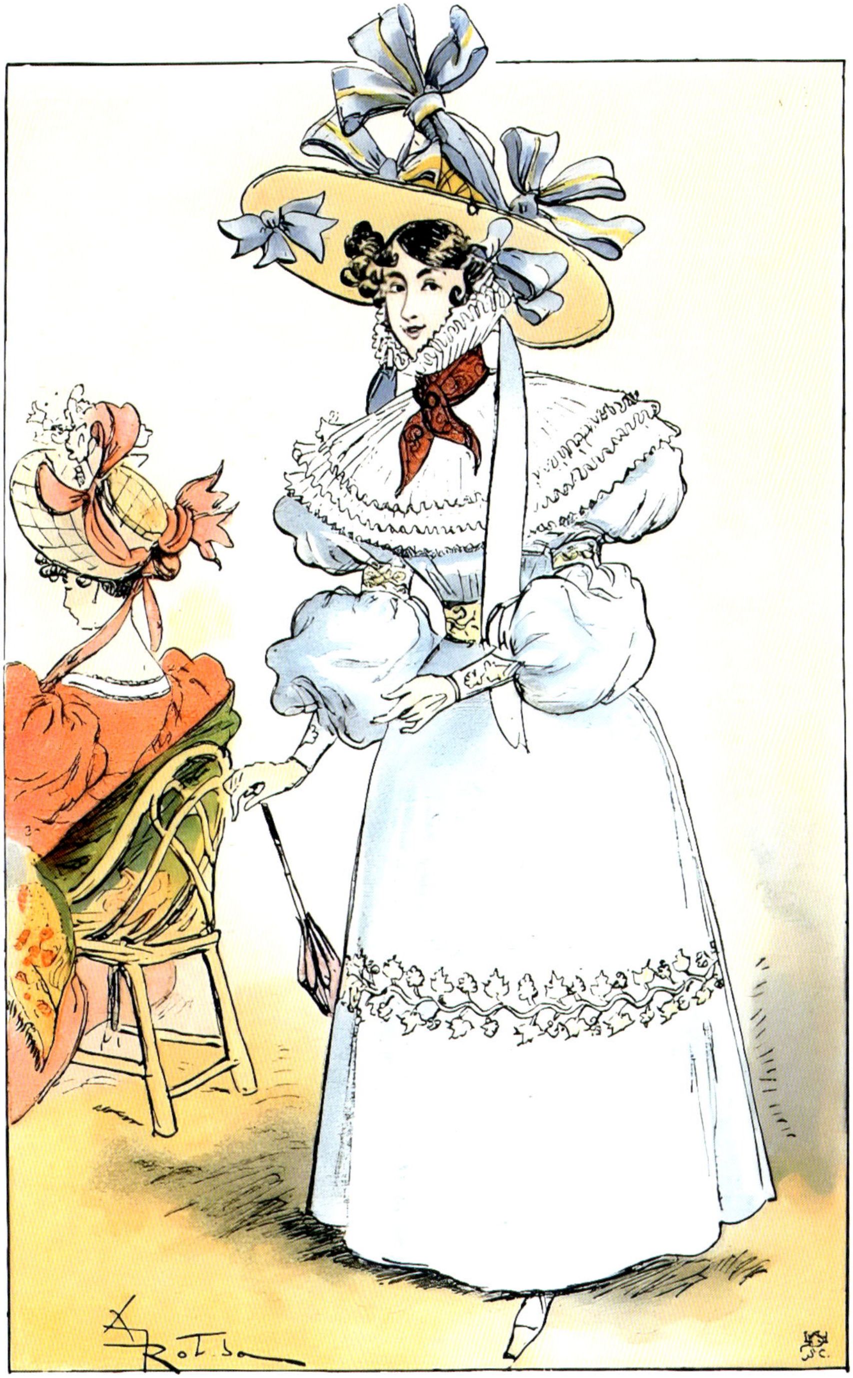

王朝复辟时期香榭丽舍大道的时尚女郎

十九世纪三四十年代的时尚

　　流行于1830年时髦女人闺房之中的漂亮波奈特帽，后来走向衰落。

　　它仍然是好看的，上面随意地烫着管状褶裥。现在戴它的人成了做帽子的小女工，或是鼻头俏皮、眼神活泼快乐的巴黎青年女工。她们戴着轻盈的波奈特帽，在高高的磨盘旁穿梭，帽子随着她们的步伐轻轻舞动。但之后，当青年女工的波奈特帽被胖胖的女店主戴到头上后便失去了优雅。最后，当女门房也戴上它的时候，它就完全没落了……

十九世纪三十年代的波奈特帽

王朝复辟时期的礼服与礼帽

1830年的优雅女子活泼轻盈又愉悦，在宽大半裙的波动起伏中和大灯笼袖的飘舞中，点亮了昂坦河堤边的沙龙、时髦的散步场所、香榭丽舍大街和隆尚。

　　那些在阿比的高领里显得耸肩缩颈的花花公子们，为之心如小鹿乱撞。她的大礼帽上竖立着一簇簇羽毛和饰带，如果她想消失，只需简单地动动脖子，就可以藏入这种隐匿严密的大礼帽里了。她还在布洛涅的树林中奔跑，身上的骑马装与灯笼袖的颜色一致，装饰着螺旋形的流苏或肋形胸饰，或由一件白色的无袖胸衣修饰……

　　不幸的是，晚些时候，女人们去乡下骑马散步的时候，竟然用一顶鸭舌帽——极丑的鸭舌帽——代替了薄纱飞扬的大礼帽，这是十九世纪的耻辱。

1830年身着骑马装的女性

　　要看到，在前卫的剧院包厢里，一排排袒胸露肩的漂亮女人们身着科尔萨基。科尔萨基尖尖的开口一直到腰间，露出一大块穿在里面的绣花短袖修米兹，而肩部和袖子上都有装饰。她们戴着皮毛长围巾，顶着蜷曲的鬈发和环形鬈发，头发用花朵、梳子、三角形缎子布片等以上百种不同的复杂方式绞扭着耸立起来。

　　听说，浪漫的美人们又一个个争先恐后地穿戴起中世纪的服饰了。她们灵感的来源是阿

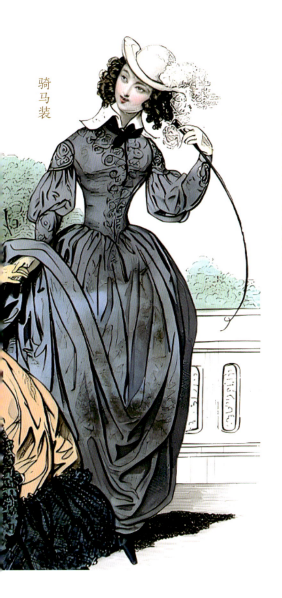

骑马装

1831年鲜花装饰的帽子

林库尔子爵的行吟诗人们、莪相①、拜伦和沃尔特司各特爵士；还有当时大戏剧中那些情感热烈又敏感胆小的大段台词，比如《欧那尼》《奈斯尔之塔》《卢克雷西娅·波吉亚》；还有诗和所有浪漫派作家的编年史；她们还从《年轻的法国》中汲取了想法。在男爵们和哥特式大盗们的眼波流转中，她们用尽全力让自己的着装打扮彰显中世纪的风格。

---

① 莪相（Ossian），即奥伊章，凯尔特神话中的古爱尔兰著名英雄。

沙发上的贵妇

十九世纪三十年代的贵族家庭

但是——在剧院里亦是如此——此时的中世纪风格颇具1830年的味道。那些悲剧演出中的闪闪发光的女主角，比如伊萨博、勃艮第的玛格丽特或是美丽的费罗尼埃，虽然也在具有地方风情的颜色中探索，但仍像女观众一样，不可避免地穿着灯笼袖。在展示中世纪风格的同时，1830年的美人们仍然很有当下的特色。

唉，唉，这种恣意美丽的时尚，这种有羽饰元素的时尚，这种粗犷的时尚，它采用了当时具有地方特色的元素，但仍将流逝而去。资产阶级出现反地方风情的态度，这种态度从艺术领域开始继而很快席卷服饰界。

几年之后，时尚变得温吞，我们应该爆粗口吗？从1835年或1836年开始，怎么说呢，之前充满诗意和浪漫、具有骑士风采的时尚只留存在了社会的中间阶层和小市民之中！

1835年的时尚再无优雅可言，它粗俗地夸大了1830年的特点，反而显得笨拙不堪。这时候的女人不再是德韦里亚

大礼帽和绉领

和加瓦尔尼的女人，而是格朗德维尔的女人。半裙就像座钟一样宽大，上面却没什么装饰，只是简单的白色平纹细布，最多像当时的壁纸那样印着小虫子的图案。袖子是臃肿却松软的大灯笼袖，垂得极低极低，袖口非常小。科尔萨基外披着有刺绣和花边的宽大斗篷，垂得比身高还长。头上是一顶大大的意大利式草帽或稻秸帽，在下巴下面系住，这套行头着实不甚迷人。

您看看1830年的女主角们，再看看十年以后，也就是1840年的那些。惆怅地想一想那些没有线条和装饰的半裙吧；软塌塌的袖子尽管保留着一点点灯笼袖的尺寸，但这点尺寸也就只能避免不雅之嫌了；还有普普通通的科尔萨基；一项简单的有褶帽上有一根毫无美观可言的带子绑在下巴下面。发型失去了往日大胆之美，用束发带做出扁平的造型，冷峻、生硬地围在脸周。正如当时的人们所说，这种"贞洁的"束发带几乎抹杀了一切优雅和所有美丽——鬓角发卷打理成长长的环形鬈发，像柳叶一样垂落，即使最活泼快乐的女人梳上这种发型也会显得忧伤哀怨。

七月王朝末期，时尚变得越来越忧伤、越来越难看。品味荡然无存，平庸和乏味达到顶点。

十九世纪三十年代的时尚造型

循环的时尚

在一段时间内，时装之路从宽变窄，然后复又由窄变宽。这是一条定律。发型也是一样，总是按照完美的比例从最小变到最大，然后又从最大变到最小。

在路易十五和路易十六时期之后，帕尼埃裙演变出督政府时期的裹身半裙。这已是半裙的最简单样式了，它之后便无可精简，再精简就只能把半裙废除了。所以第一帝国时期裙子尺寸又开始逐渐变大，在第二帝国时期达到最宽，出现克里诺林裙，这是贝尔丢嘎丹的第三次复兴。

浪漫主义风格的女装

十九世纪三十年代晚期的女帽

循环的时尚

XII

现代

1848年革命时期的服装领域

　　1848年革命未对时尚产生任何影响，它并没有像第一次革命那样将时尚引领上新的道路。在这个天翻地覆的时代，革命精神席卷整个欧洲，许许多多美丽和疯狂程度各不相同的梦想点燃人们充血的大脑。这时候时尚若出现一颗小小的疯狂的种子，是一定会被允许的，然而时尚的行为方式，却好像一个老实谨慎之人。服饰依然显示出完完全全的资产阶级风格，让人觉得这是普吕多姆夫人[①]定下的基调。

　　忧郁平庸的、用细绳系在下巴上的带撑边小帽无可争议地占据着主导地位。对于巴宝莱帽来说，它的样式也只有一种，除了没有雅致可言的饰带，没有其他装饰。罗布上也一点儿装饰都没有，科尔萨基很长，半裙直直的，人们往往在这些扁平的服饰外面披上曼特和肖尔。

1844 年的女装

---

① 普吕多姆夫人（Madame Prudhomme），亨利·莫尼尔创作的十九世纪资产阶级漫画人物。

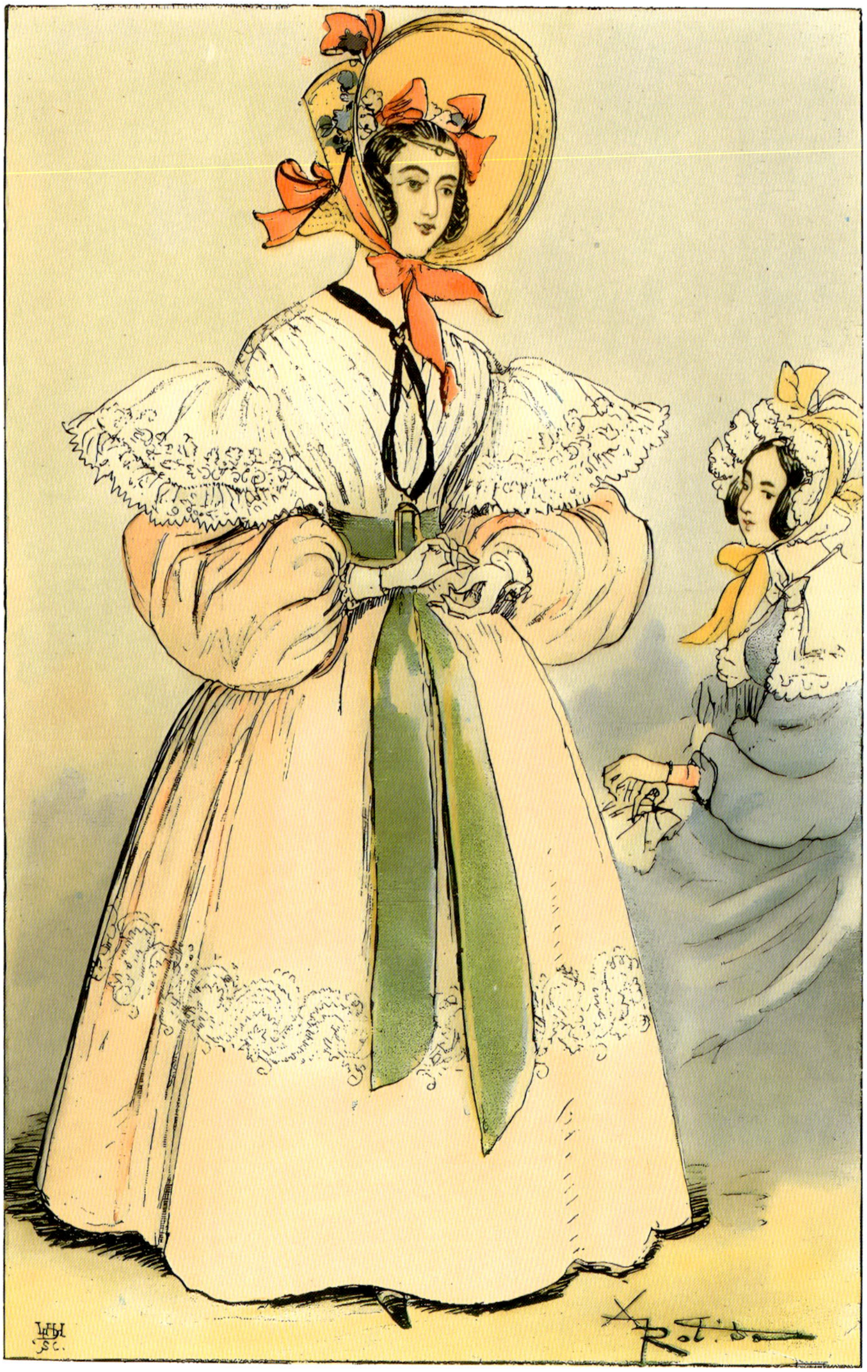

旧日时尚：1835年的巴黎女郎

1848 年的女帽

　　第二帝国初期就是这样低调、平凡的装扮，不过后来它逐渐演变出极为复杂、繁多的招摇风格，但从品味角度看，并没有什么值得称道的地方，甚至可以说是完全没有风格。只是在1864年前后出现过几个较为出众的新发明，但也没有得以流传。

1848 年前后的女帽和披肩

十九世纪五十年代的女鱼贩

再度流行的克里诺林裙

卷土重来的克里诺林裙

时尚方面的伟大思想、时装界留下浓墨重彩一笔的伟大发明是克里诺林裙——即使遭到滑稽戏作家、记者、漫画家、丈夫们，以及所有人的羞辱、攻击和诋毁，在一片叫嚷声、嘲笑声和公正的指责声中，克里诺林裙最终成为胜利者。

可以确定地说，在第一帝国时期，女人们在地球上占据的空间比以往多出三四倍——至少从周长上说是这样，她们甚至比路易十五时期的女人占据的空间还大。比起帕尼埃裙来，克里诺林裙的胜利更加嚣张跋扈，因为所有阶层的女人都穿上了它。对于乡下的女孩子们来说，如果星期日没有像城里夫人那样穿上用铁圈支架撑起来的裙子，那么她们就会认为自己并没有盛装打扮。

撑架和用马尾衬做的打了绉泡的衬裙让眼睛逐渐适应了半裙的宽大程度，当没有骨架的克里诺林裙被抛弃，代之以钢弹簧圈和钢立柱的笼式衬裙时，夫人们发现了这种鼓胀方式的可爱迷人之处，于是笼式衬裙风行开来。无须坚持说那些仍留存在人们记忆中的宽大裙子带来了多少不便之处和不适之感，仅从美学角度来看，克里诺林裙也该被郑重地摈弃、除名，永远为人们所不齿……永远，也就是说，直到它用另外的名字卷土重来。

的确，用克里诺林裙衬撑得像穹顶一样圆鼓鼓的、飘动的人群饱受诟病，整套装饰品以一种极为沉重笨拙的方式装饰着它，暗淡的布料上带着一些平平无奇的小细节。而十八世纪的帕尼埃裙呢，它们的装饰则更具艺术性，具有花枝图案的美丽布料上有着裁剪过的装饰物。帕尼埃裙的夸张和荒谬之中至少还带着优雅，而克里诺林裙笨拙的鼓胀则不能被任何东西补救。第一帝国时期最至高无上的优雅，有点儿言过其实了！

1848 年前后的克里诺林裙

克什米尔披肩

除了臃肿且有侵略性的克里诺林裙，第二帝国时期的所有女人还穿戴什么呢？

我们可以联想到大披肩、呢斗篷、风情万种的阿尔及利亚式曼特，还有用粗文理丝绸做的紧腰身服装，它的袖子肘部窄小而袖口宽大——对！肘部窄小、袖口宽大的袖子！它就像被花边和毛边复杂化了的既不优雅又不舒适的漏斗！

这里尤其要指出的是披肩，著名的克什米尔披肩和毯子式大披肩。

很久以来，人们都赞颂披肩的优雅，然而它具有某种优雅的前提是像围巾一样又小又窄，用

法兰西第二帝国时期的服饰

克什米尔披肩

不规则、随意的方式披起来。对于那种披在肩上就像挂在衣帽架上一样，完全遮盖住女人腰身和服饰的大披肩，又能说什么呢？其实这种大衣式的披肩是一种难看的服装，顶多适合盛装打扮的卖水果的女人。

法兰西第二帝国时期的女装和女帽

在便利舒适的发明里，还可以提一提宽边的遮阳软帽，在那个时期的优雅创意中，还有兹瓦布①式贝斯特、加里波第式红色服装和费加罗式服装。礼帽方面没有什么出彩之处。直到1863年前后，流行的一直是大大的带撑边的有褶女帽，帽子后面装饰有绸带，帽檐里面和帽顶上有花朵。这种帽子实际上是王朝复辟时期的大帽子被损坏又以荒诞的方式被修好后呈现的效果，它悲伤地走完了最后的岁月。

---

① 兹瓦布，1831年以阿尔及利亚人为主的法国轻骑兵所穿的服装。

迪潘议长[①]的著名小册子曾在1865年轰动一时，在这本小册子里，他对毫无节制的女性奢华大加指责——这种超过大城市举办大奖赛时的奢华，盘踞在隆尚的赛马场边，遍布各大街道。他觉得这种奢华使巴黎变成了没落的拜占庭，带坏了披着小披肩的资产阶级女性，对于其他那些简朴的、深爱着10苏/米的神圣平纹细布的正直欧洲人来说，这种奢华让他们为之羞惭脸红。

　　这种令人腐化堕落、过分的时尚或许是没有节制的，它几乎没有美感可言，品味也一般，给人极为明显的矫揉造作、华而不实之感。

法兰西第二帝国时期的结婚礼服

① 迪潘议长（Dupin，1783—1865），1832—1839年法国众议院议长。

海滩时尚与克里诺林裙的消亡

　　对于如今的时尚，尽管没有足够长的时光让我们对它们做出整体评判，现在的我们不会因为它们过时而觉得荒诞；但是想来，下个世纪的女人和艺术家们大概会这样觉得。我们看不到优雅的画师们为了迎合二十世纪上流社会和美国人的欢乐，会在他们的画作里怎样描绘1860年的时尚。

　　然而，海滨浴场的流行越来越明显了。很快，这将成为一年一度的、有规律的人口流动。所有的资产阶级都会去诺曼底或布列塔尼海边，这种夏季旅行为时尚带来一些雅致的变化。

1883 年，一群穿着泳衣的女人前往拥挤的海滩

划船人短上衣

　　1864年前后，在优雅的海滩上曾一度盛行短罗布。拖地半裙和有着宽大镶边的罗布不复存在。人们保留了克里诺林裙并适度减小其尺寸，在上面做出褶皱，通过卷边、裙褶、各种各样的装饰和具有良好效果的宽大装饰物对其做出调整。1830年以来，被抑制的创造力复苏了。这种极具女骑士风的短半裙下露出非常奢华、不吝装饰的半筒靴。这是一种鞋帮很高的小靴子，鞋跟笃笃作响。有那么一段时间，甚至有时髦的美人手握路易八世的大手杖漫步海滩。

十九世纪中后期的女装

1872年的海滩装

在这些非常漂亮的衣服中，有些特别宽松、有着宽大的袖子，还有种名叫"划船人短上衣"的外套。这时的帽子也与那种将头部罩住的礼帽大不相同，改为大胆地斜扣在头的一侧、类似于斗牛士的帽子，装饰着大绒球或羽毛，与之相配的是梳得较低的发型，卷曲的头发遮住前额，秀发堆在发兜之中披在背上。短裙上带着克里诺林式裙衬，用带扣的腰带高高地束住，上面含所有类型的装饰物、绦子和饰带，不长却极为优雅。然而很快，长罗布强势回归，时尚迅速失去了女骑士的风格。

1867年，克里诺林裙迅速消失，人们在有歌舞杂耍表演的咖啡馆里朗诵悲剧的片段，品味归来，这时候流行起了扁平的拖地半裙和在肩上扣住的无袖科尔萨基，还有盘子形状的小礼帽，人们梳着高高的大球形发髻，将盘子帽扣在发髻和前额之间。这种发型还装饰着飘到背上的饰带，它有一个生动的说法："小伙子跟我来。"

宽大半裙和紧窄半裙之间的战争仍在继续，克里诺林裙拍打着翅膀挣扎了几年之后彻底宣告灭亡。如今，装着大铁环的克里诺林裙成为考古界的物品，像帕尼埃裙和贝尔丢嘎丹一样成为古董。出于对尺寸的追求，人们用蒲团腰垫代替了克里诺林裙衬，这种腰垫是由体积庞大的大堆布料叠成，放置于裙子的后部。

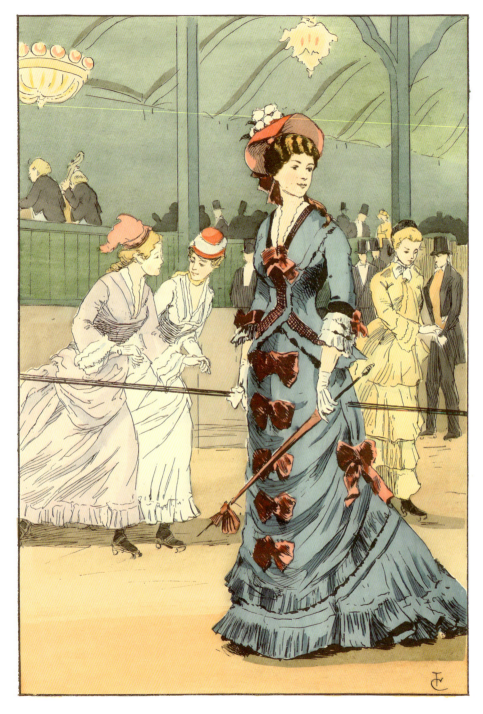

紧身时尚

在反对克里诺林裙的道路上，人们把它的尺寸一点点收缩，直到将其演变成紧裹着身体的裙子和紧身服。在1880年前后，这类紧身服装流行了两三年，非常漂亮，极具美感。之后，让衣服鼓胀起来的念头冒了出来，人们把服装加宽了一些，很快便采用了托尔纽尔衬垫①……但是这种紧身服装时尚为我们留下了针织紧身上衣，它优雅地紧裹住人的上半身和髋部。针织紧身上衣因为适合散步和郊游、令人赏心悦目而很快被人们接受。

不过几个夏天，从欧洲的这端到那端，在英国、法国和其他所有的海滩之上，针织紧身上衣成为必备的统一服装；妇人、年轻女子、幼儿、男孩子和女孩子，所有人都穿着深蓝色的针织紧身上衣，上面点缀着金色的锚，所有人都是这身海军的行头。不仅孩子们穿这种既优雅又舒适的衣服，如今的男人们——游客们和自行车骑手们——也穿起它来了。

----

① 托尔纽尔衬垫，流行于十八世纪末。

1880 年紧裹身体的罗布

紧腰身的连衣裙

1880年前后的紧身时尚

1880年两位身着紧身礼服的女郎

十九世纪七十年代的时尚

限奢禁令和对世纪末时尚的探求

在过去的时光中，曾出现过限制奢侈的法令和立法控制过度奢侈的执政者。我们看到，从腓力四世到黎塞留都留下了一系列长长的法律条文。它们在被遗忘之前，都曾被严格地执行过。即便是亨利三世那样的国王为了王宫的排场将国库掏空，却不妨碍他对其他人的奢侈行为进行压制。他曾在一天的时间里将三十多个女人投进主教的监狱，理由是她们触犯了锦缎和丝绸禁令，而这个人数并不是巴黎受处罚女人的最小数目。

对奢侈进行禁止、对时尚颁布条令的时代，一去不返了。为了追求工业和商业的普遍利益，当今所有能够推动盛大奢华的东西都应被探索和支持。如有必要，倒是应该反过来压制那些小的奢华，甚至可以说就应当对其予以压制，因为如今损失已经造成并且无可挽回。

啊！如果说时尚的力量超过国王们、部长们、法令、法律和规章，如果说有关时尚的法令规定不可撼动，对于古老的外省女装、往往非常优雅的具有地方特色的时装和乡村中流行的优雅要予以保留，城市中的人经常会借用这些服饰中的元素，比如罗布和曼特的制作方式，还有各种各样的帽子，例如布雷桑帽、科镇地区的头盔形花边帽、布列塔尼式大帽子、阿尔莱式波奈特帽……这是怎样的抢救行为啊！

1875 年前后的时尚发型

但是，不，所有这些都过去了，一种虚假的、平庸的奢华入侵，它是毫无巴黎式优雅品味可言的漫画式风格，形状一致抑或不一致的样式被成百上千地制作出来，送到最偏远的地方……在这些面前，所有美丽的事物都消失不见。唉，到处都是如此，美丽的地方时尚、具有地方风情的独特优雅，永远让位于傲慢自大、荒谬可笑的扮相……所有外省的乡土"服装"都已消失，由城市"时尚"补偿给我们真正的雅致和优美。

　　如今，时尚处于一个转型和试错的时期，在缺乏创新的情况下，它探索、尝试去模仿过去的新鲜事物——这个过去，真的是足够古老的过去，就如约瑟芬皇后的女裁缝那般所为。

1895 年的流行着装

人们模仿路易十六时代或第一帝国时期的裁剪方式，模仿瓦卢瓦王朝的化妆手法，模仿路易八世时期的科尔萨基，模仿中世纪的袖子或1830年的灯笼袖……就像所有的艺术形式一样，我们对于这些试验将会产生的效果拭目以待，如果在对古老事物的研究中产生出新的东西，这也会像其他的艺术一样，成为服饰的艺术。

希望在十九世纪末，能有一种符合当今潮流表现形式的独特时尚脱颖而出，那么将来或许有一天，生活在十九世纪最后几年的优雅女人，其孙女也能够通过她们的装扮在脑海中描绘祖母和外祖母们极具个性的形象，而这种形象与其借鉴的以往的每个时代的装扮都不一样。

轮回的时尚

官方小红书：尔文 Books

官方豆瓣：尔文 Books（豆瓣号：264526756）

官方微博：@ 尔文 Books

图书在版编目（CIP）数据

淑女开创者：优雅千年的法国服饰史 /（法）阿尔
伯特·罗比达著；张伟译. -- 成都：四川人民出版社，
2025. 4. -- ISBN 978-7-220-13891-1

Ⅰ. TS941.12-095.65

中国国家版本馆CIP数据核字第2024J3B926号

SHUNÜ KAICHUANGZHE : YOUYA QIANNIAN DE FAGUO FUSHISHI

淑女开创者：优雅千年的法国服饰史

［法］阿尔伯特·罗比达 著　张　伟 译

出 版 人	黄立新
策划组稿	赵　静
责任编辑	赵　静　徐　波
责任校对	魏南西
版式设计	张迪茗
封面设计	张迪茗
责任印制	周　奇

出版发行	四川人民出版社（成都市三色路238号）
网　　址	http://www.scpph.com
E-mail	scrmcbs@sina.com
新浪微博	@四川人民出版社
微信公众号	四川人民出版社
发行部业务电话	（028）86361653　86361656
防盗版举报电话	（028）86361661
照　　排	四川胜翔数码印务设计有限公司
印　　刷	成都市东辰印艺科技有限公司
成品尺寸	210mm×225mm
印　　张	17.5
字　　数	300千
版　　次	2025年4月第1版
印　　次	2025年4月第1次印刷
书　　号	ISBN 978-7-220-13891-1
定　　价	148.00元